国家级自然保护区生物多样性保护丛书

车八岭大型真菌图志

Atlas of Macrofungi in **Chebaling**

李泰辉　宋相金　宋　斌　张朝明◎主编

Li Taihui　Song Xiangjin　Song Bin　Zhang Chaoming

SPM 南方出版传媒

广东科技出版社｜全国优秀出版社

·广　州·

图书在版编目（CIP）数据

车八岭大型真菌图志 / 李泰辉等主编. —广州：广东科技出版社，2017.10
（国家级自然保护区生物多样性保护丛书）

ISBN 978-7-5359-6784-8

Ⅰ. ①车… Ⅱ. ①李… Ⅲ. ①自然保护区—大型真菌—始兴县—图集
Ⅳ. ① Q949.320.8-64

中国版本图书馆 CIP 数据核字（2017）第 205077 号

车八岭大型真菌图志

责任编辑：罗孝政　区燕宜
装帧设计：柳国雄
责任校对：罗美玲　杨崚松
责任印制：彭海波
出版发行：广东科技出版社
（广州市环市东路水荫路 11 号　邮码：510075）
http：//www.gdstp.com.cn
E-mail：gdkjyxb@ gdstp.com.cn（营销）
E-mail：gdkjzbb@ gdstp.com.cn（编务室）
经　销：广东新华发行集团股份有限公司
印　刷：广州市岭美彩印有限公司
（广州市荔湾区花地大道南海南工商贸易区 A 幢　邮政编码：510385）
规　格：787mm×1 092mm　1/16　印张 15.25　字数 300 千
版　次：2017 年 10 月第 1 版
2017 年 10 月第 1 次印刷
定　价：186.00 元

《车八岭大型真菌图志》编委会

主　编： 李泰辉　宋相金　宋　斌　张朝明

副主编： 束祖飞　邓旺秋　吴智宏　张　明　肖荣高　张应明

编　委（按姓氏笔画排列）：

王超群　邓旺秋　邓春英　李　挺　李泰辉　肖正端
沈亚恒　宋　斌　张　明　林　敏　钟祥荣　黄　浩
黄秋菊

（广东省微生物研究所）

邓青珊　束祖飞　肖荣高　吴智宏　宋相金　张应明
张朝明　陈尚修　官海城

（广东车八岭国家级自然保护区管理局）

内容简介

本书是一部以图志形式体现车八岭国家级自然保护区丰富多彩的大型真菌资源及其分类学地位的专著。共记录了3门8纲18目51科120属200种。它们在现代真菌系统学中的地位在前言中作了介绍，而在本书正文中则将车八岭大型真菌种类按形态学划分为子囊菌、胶质菌、珊瑚菌、革菌、多孔菌/齿菌、鸡油菌、伞菌、牛肝菌、腹菌和黏菌，共10类，在各类真菌中再分别按其拉丁学名的字母顺序排列，介绍了真菌的中文名、拉丁名、形态特征、生境和有关该菌相关信息的讨论，书末列有主要参考文献、真菌中文名索引与拉丁学名索引。本书适用于菌物学及其相关学科科研人员、大专院校有关专业人员、菌物学爱好者以及食用菌开发经营人员参考。

前　言
Foreword

美丽的车八岭国家级自然保护区，那是我30多年来去过无数次的地方。保护区如此吸引我的，不仅是她在连绵的山野里透着顽强生命气息的茂林修竹，或者是她在洁净的天然环境中流淌着滋养万物生灵的青溪绿水，更因为她有物种丰富的大型真菌资源以及一群热衷于探索天然生物资源奥秘的好友。

车八岭国家级自然保护区（以下简称“保护区”）是我国综合自然保护区之一，正式建立于1981年。保护区成立不久，本人就开始了对保护区大型真菌的研究，见证了保护区所取得的各项成就：1988年经国务院批准成为国家级自然保护区，1995年加入了中国“人与生物圈保护区”网络，2005年被中国生物多样性保护基金会专家委员会评选为“中国生物多样性保护示范基地”，2007年成为“世界人与生物圈保护区网络”的成员。而今，我们都能欣喜地看到：她已成为我国最为重要的国家级自然保护区之一，是我国亚热带生物资源调查、保护与可持续利用研究的重要平台，是生物学工作者开展生物多样性研究非常理想的场所。

一、保护区的自然环境概况

保护区位于广东省始兴县和江西省全南县之间，东南方向与江西省全南县交界，南连始兴县司前镇，西邻始兴县国营刘张家山林场，北接始兴县罗坝镇，总面积16 110.7 hm^2。保护区的地理位置为东经114°09′04″~114°16′46″，北纬24°40′29″~24°46′21″，地处南亚热带与中亚热带的过渡地带，是南岭南缘保存较完整、面积较大、分布较集中、原生性较强、中国特有的原始季雨林区，也是全球同纬度地区森林植被的典型代表，被许多国内外专家学者赞誉为“物种宝库”“南岭明珠”和“北回归线附近荒漠带上的绿洲”，在生物地理学与生物进化史上具有特殊的重要地位和作用（徐燕千，1993）。

保护区属于中低山地，地貌复杂，地势西北高东南低，最低处樟栋水海拔约330 m，最高峰天平架海拔1 256 m；地形切割强烈，山脊陡峭，坡度达30°~50°。受亚热带季风气

候区海洋气候和海拔差异的影响，干湿季明显，热量充足，凉暖交替明显，春季低温阴雨寡照，夏季炎热高温多湿，秋季昼暖夜凉，冬季寒冷有霜稀雨。年均气温 19.6℃，极端最高温达 38.4℃，极端最低温为 -5.5℃，年平均降水量 1 468.0 mm，最高年降水量 2 126.0 mm，最低 1 150.2 mm。保护区在大地构造上属华南褶皱系的一部分，露岩以轻变质砂页岩为主，中酸性火山岩次之；土壤类型有红壤、黄壤和草甸土。区内有不同的植被群落与林型，包括原始和次生阔叶林、针叶林、针阔混交林、次生草坡、竹林等（徐燕千，1993）。优越多样的地理气候环境条件与保护良好的各种植被类型，孕育着丰富的生物多样性资源。

二、保护区的动植物物种多样性概况

迄今为止，对保护区生物多样性的研究已有相当的基础。根据 1978 年以来的调查研究结果显示，目前车八岭植物种类约有 1 928 种，隶属于 925 属，290 科，包括药用植物 498 种，果类植物 83 种，观赏植物 215 种，淀粉植物 54 种，油脂植物 187 种，芳香油植物 31 种，树脂树胶植物 13 种，纤维植物 152 种，饲料植物 64 种，鞣质类植物 67 种，用材树种 236 种；同时，车八岭拥有 14 种珍稀濒危植物（占广东省珍稀濒危植物总数的 17.9%），其中国家Ⅱ级重点保护植物 4 种，国家Ⅲ级重点保护植物 8 种，广东省Ⅰ级重点保护植物 2 种（徐燕千，1993；张应明，2011）。在动物资源调查研究方面，保护区内脊椎动物与昆虫纲动物共有 1 558 种，隶属于 969 属，255 科，包括兽类 38 种 15 科，鸟类 223 种 42 科，爬行类 36 种 10 科，两栖类 16 种 7 科，鱼类 25 种 13 科，昆虫 1 220 种 168 科，其中珍稀濒危动物 44 种，占广东省国家重点保护动物总数的 37.6%，国家Ⅰ级重点保护动物 5 种，国家Ⅱ级重点保护动物 42 种（徐燕千，1993；张应明，2011）。

三、大型真菌资源的重要性

大型真菌资源与动植物资源一样，都是自然生态系统中不可或缺的重要组成，更是大自然赐给人类的宝贵资源。在自然生态系统中，真菌总体上属于异养生物，是各种元素循环、物质转化和能量流动过程中的重要还原者。它们参与有机体的分解，利用有机体及其消费者剩余和排泄的有机物质作营养而得到繁殖生长；菌体本身又可被其他生物所利用。如果没有真菌，森林生态系统或其他环境中的植物（甚至其他生物）残体就难以分解，有机物及相关的元素就无法循环。大型真菌通常通过腐生、互利共生、寄生等形式，直接或间接地作用于生态系统，起到物质转化和能量流动的作用，使整个生态系统得以维持和延续。腐生型大型真菌一般包括木生菌、土生菌和粪生菌等。寄生型大型真菌有植物病原菌、虫生菌和菌生菌等。

真菌对于植物的正常生长至关重要，大多数高等植物都有共生真菌，甚至离开了共生真菌就无法正常生长。共生型大型真菌最常见的是外生菌根菌，它们与高等植物形成了互惠共生体 —— 菌根，在生态系统的演化过程中发挥重要的生态功能（郭良栋，2012）；也有一些大型真菌在形成大型菌体前以小型真菌的形态作为植物的内生真菌，某些种类（或某些种类在某些特定时期）对植物生长是有利的，而在另一特定时期或条件下又可成为对植物有害的病原菌，最终在植物体（或残体）上形成大型的菌体。

大型真菌对人类经济和社会活动同样具有巨大的影响。按其经济作用可分为食用菌、药用菌、植树造林用的共生菌、有毒大型真菌（毒蘑菇）和植物病原菌等。近年，食用菌产业已成为我国的第五大种植业（张金霞 等，2015）；以灵芝、虫草、茯苓、芸芝等药用大型真菌菌体或菌丝体发酵生产的药物或保健食品得到广泛的应用（吴兴高 等，2013），大型真菌对提高人类的生活水平和促进医疗与健康事业的发展有着重要的作用。当然，大型真菌的危害也不容忽视，例如：由于误食毒蘑菇而中毒死亡的人数已连续多年排在全国各类食物中毒死亡人数之首；此外，人们经常看到的木生大型真菌，实际上许多种类也是植物病原菌，它们可寄生于植物的活体上，逐渐侵害植物机体，造成林业和农业的重大经济损失。所有这些经济真菌和有害种类，均来源于大自然。大型真菌物种极为丰富，但大部分仍未被科学认识，制约了人类对有益物种的可持续开发利用及对有害物种的防治。我国是世界上生物多样性最丰富的国家之一，而自然保护区正是保护生物资源最重要的场所。因此，我国大部分国家级自然保护区都开展了大型真菌多样性的调查。

四、保护区的大型真菌物种多样性研究概况

车八岭自然保护区大型真菌资源的系统调查研究始于 20 世纪 80 年代中期，以广东省微生物研究所的毕志树研究员为首的真菌分类学研究团队，结合车八岭国家级自然保护区的筹建及中国科学院南方山区综合科学考察的工作，开展了保护区大型真菌资源的调查研究。1990 年以前的第一次系统本底调查研究结果，在毕志树等（1986，1987，1990）的论文中得到了总结，有 240 余种已编入《粤北山区大型真菌志》和《广东大型真菌志》中（毕志树 等，1990，1994）。

在车八岭正式被批准成为国家级自然保护区之后，在国家自然科学基金委、广东省科学院、广东省微生物研究所及车八岭国家级自然保护区管理局等单位的支持下，特别是得到保护区饶纪腾、张朝明前后两任局长及相关人员的帮助与参与，相关的研究在不断深入。其中在 2008 年南方山区冰雪重大灾害之后，在广东省科学院的支持下，成立了以广东省微生物研究所、车八岭国家级自然保护区管理局合作共管的“广东省微生物研究所车八岭真菌资源研究站”，为以车八岭真菌资源为调查研究目标的综合科学研究提供了一个稳定的科学考察平台。相关的研究后来又得到了国家自然科学基金项目、广东省科技计划项目和广东省自然科学基金项目，以及广州市科技重点专项和广东省科学院科学野外台站基金项目等的部分或专项资助，使调查研究得以持续进行。

经过多年的研究，据不完全统计，车八岭自然保护区目前已知大型真菌种类多达 619 种，隶属于 7 纲 21 目 63 科 174 属，其中食用菌 117 种、药用菌 39 种、毒菌 34 种（毕志树 等，1987，1990；李跃进，2011；肖正端 等，2012；张明 等，2014）。保护区内的特有资源十分丰富，其中在保护区内发现的大型真菌新种就有十多种，如橙褐裸伞 *Gymnopilus aurantiobrunneus* Z. S. Bi（毕志树 等，1986）、迷路状粉孢菌 *Amylosporus daedaliformis* G. Y. Zheng & Z. S. Bi（郑国扬 等，1987）、近烟色赖特卧孔菌 *Wrightoporia subadusta* Z. S. Bi & G. Y. Zheng （郑国扬 等，1987）、始兴环柄菇 *Lepiota shixingensis* Z. S. Bi & T. H. Li（毕志树 等，1990）、青黄小皮伞 *Marasmius galbinus* T. H. Li & Chun Y. Deng （Deng et al，2011）、拟聚生小皮伞 *Marasmius subabundans* Chun Y. Deng & T. H. Li（Deng et al，2012）、灰褐湿伞 *Hygrocybe griseobrunnea* T. H. Li & C. Q. Wang（Wang et al，2013）、栗褐金牛肝菌 *Aureoboletus marroninus* T. H. Li & Ming Zhang（Zhang et al，2015）、卷毛毛皮伞 *Crinipellis floccosa* T. H. Li, Y. W. Xia & W. Q. Deng（Xia et al，2015）和小型小皮伞 *Marasmius pusilliformis* Chun Y. Deng & T. H. Li（Deng et al，2017）等。

五、保护区大型真菌的分类学地位

在瑞典植物分类学家 Linneaus（1753）所建立的两界生物分类学系统中，他把生物区分为植物界和动物界，真菌被归入植物界下的真菌门。随着人们对自然界认知水平的提高，把生物划分为三至八界甚至更多界的生物分类学系统相继出现。自从 20 世纪 50 年代美国生物学家 Whittaker（1959）将真菌从植物界中分离出来后，真菌界的独立地位就得到了科学的不断证明并逐渐得到普遍承认。尽管现在人们对生物分类学系统有许多不同的见解，但真菌界的独立地位是十分肯定的。真菌界在现代的生物分类学系统中的位置，这里我们可以选用 Ruggiero et al（2015）的系统作一个大致的介绍。

在该生物分类学系统中，有细胞的生物（未包括病毒等非细胞生物）被划分为两个超界，其中原核生物超界（Superkingdom prokaryota）包括古菌界［Kingdom Archaea（= Archaebacteria）］和细菌界［Kingdom Bacteria（= Eubacteria）］；而真核超界（Superkingdom Eukaryota）则包括原生动物界（Kingdom Protozoa）、假菌界（茸鞭生物界、原藻界，Kingdom Chromista）、真菌界（Kingdom Fungi）、植物界［Kingdom Plantae（=Archaeplastida）］和动物界（Kingdom Animalia）。也就是说，有细胞的生物可分为两个超界下的七个界，真菌界是其中真核超界下的一个界。

真菌界又可分为双核亚界（Dikarya）［= 新菌界（Neomycota）］下的子囊菌门（Ascomycota）和担子菌门（Basidiomycota），以及始生真菌亚界（Eomycota）下的壶菌门（Chytridiomycota）、球囊菌门（Glomeromycota）和接合菌门（Zygomycota）等五个门。本书所说的大型真菌是指较大的、凭肉眼即可看清菌体的真菌，与那些需要借助显微镜才能观察到的“小型真菌”相对应。绝大多数的大型真菌隶属于担子菌门，另有部分属于子囊菌门。

由于原生动物界（Kingdom Protozoa）、变形虫门（Amoebozoa）下的一些大型黏菌，具有类似大型真菌的形态特征，研究方法也较为接近，传统上也是由菌物学家来研究的。所以，本书也收录了 1 个大型黏菌种类。

本书采用了传统大型真菌形态分类学研究方法，结合分子数据如 ITS 等序列比对的研究方法。所有标本材料分别保藏在广东省微生物研究所真菌标本馆（GDGM）和菌种保藏中心。本图志共包括大型真菌种类200余种，主要参考 http: //www.Indexfungorum.org/Names/ Names.asp（2017）的分类学系统，它们在现代真菌分类学系统中的地位如表1。

表1　本图志大型真菌在现代真菌分类学系统中的地位

（同级分类单元以其拉丁学名顺序排列，置于其相同的上一级分类单元中）

真菌界 Fungi
子囊菌门 Ascomycota
盘菌亚门 Pezizomycotina
地舌菌纲 Geoglossomycetes
地舌菌目 Geoglossales
地舌菌科 Geoglossaceae
地舌菌属 *Geoglossum*
锤舌菌纲 Leotiomycetes
锤舌菌亚纲 Leotiomycetidae
柔膜菌目 Helotiales
核盘菌科 Sclerotiniaceae
二头孢盘菌属 *Dicephalospora*
盘菌纲 Pezizomycetes
盘菌亚纲 Pezizomycetidae
盘菌目 Pezizales
火丝菌科 Pyronemataceae
胶陀盘菌属 *Trichaleurina*
肉杯菌科 Sarcoscyphaceae
毛杯菌属 *Cookeina*
歪盘菌属 *Phillipsia*
肉杯菌属 *Sarcoscypha*
粪壳菌纲 Sordariomycetes
肉座菌亚纲 Hypocreomycetidae
肉座菌目 Hypocreales
虫草科 Cordycipitaceae
棒束孢属 *Isaria*
线虫草科 Ophiocordycipitaceae
线虫草属 *Ophiocordyceps*
炭角菌亚纲 Xylariomycetidae

炭角菌目 Xylariales

炭角菌科 Xylariaceae

层炭壳属 *Daldinia*

炭垫菌属 *Nemania*

炭角菌属 *Xylaria*

担子菌门 Basidiomycota

蘑菇亚门 Agaricomycotina

蘑菇纲 Agaricomycetes

蘑菇亚纲 Agaricomycetidae

蘑菇目 Agaricales

蘑菇科 Agaricaceae

蘑菇属 *Agaricus*

灰球菌属 *Bovista*

秃马勃属 *Calvatia*

海氏菇属 *Heinemannomyces*

环柄菇属 *Lepiota*

白鬼伞属 *Leucocoprinus*

马勃属 *Lycoperdon*

小蘑菇属 *Micropsalliota*

鹅膏菌科 Amanitaceae

鹅膏属 *Amanita*

丝膜菌科 Cortinariaceae

丝膜菌属 *Cortinarius*

粉褶蕈科 Entolomataceae

白粉褶蕈属 *Alboleptonia*

斜盖伞属 *Clitopilus*

粉褶蕈属 *Entoloma*

牛舌菌科 Fistulinaceae

牛舌菌属 *Fistulina*

轴腹菌科 Hydnangiaceae

蜡蘑属 *Laccaria*

蜡伞科 Hygrophoraceae

湿伞属 *Hygrocybe*

层腹菌科 Hymenogastraceae

盔孢伞属 *Galerina*

裸伞属 *Gymnopilus*

丝盖伞科 Inocybaceae

靴耳属 *Crepidotus*

丝盖伞属 *Inocybe*

离褶伞科 Lyophyllaceae

格氏蘑属 *Gerhardtia*

蚁巢伞属 *Termitomyces*

小皮伞科 Marasmiaceae

毛皮伞属 *Crinipellis*

老伞属 *Gerronema*

小皮伞属 *Marasmius*

大金钱菌属 *Megacollybia*

四角孢伞属 *Tetrapyrgos*

小菇科 Mycenaceae

小菇属 *Mycena*

扇菇属 *Panellus*

类脐菇科 Omphalotaceae

炭褶菌属 *Anthracophyllum*

裸脚伞属 *Gymnopus*

小香菇属 *Lentinula*

粉金钱菌属 *Rhodocollybia*

膨瑚菌科 Physalacriaceae

小奥德蘑属 *Oudemansiella*

侧耳科 Pleurotaceae

亚侧耳属 *Hohenbuehelia*

光柄菇科 Pluteaceae

光柄菇属 *Pluteus*

草菇属 *Volvariella*

小脆柄菇科 Psathyrellaceae

小鬼伞属 *Coprinellus*

鬼伞属 *Coprinopsis*

小脆柄菇属 *Psathyrella*

裂褶菌科 Schizophyllaceae

裂褶菌属 *Schizophyllum*

球盖菇科 Strophariaceae

垂幕菇属 *Hypholoma*

口蘑科 Tricholomataceae

脐菇属 *Myxomphalia*

牛肝菌目 Boletales

牛肝菌科 Boletaceae

金牛肝菌属 *Aureoboletus*

南方牛肝菌属 *Austroboletus*

条孢牛肝菌属 *Boletellus*

牛肝菌属 *Boletus*

辣牛肝菌属 *Chalciporus*

金橙牛肝菌属 *Crocinoboletus*

网孢牛肝菌属 *Heimioporus*

兰茂牛肝菌属 *Lanmaoa*

褶孔牛肝菌属 *Phylloporus*

假南牛肝菌属 *Pseudoaustroboletus*

粉末牛肝菌属 *Pulveroboletus*

网柄牛肝菌属 *Retiboletus*

玉红牛肝菌属 *Rubinoboletus*

粉孢牛肝菌属 *Tylopilus*

硬皮马勃科 Sclerodermataceae

硬皮马勃属 *Scleroderma*

乳牛肝菌科 Suillaceae

小牛肝菌属 *Boletinus*

乳牛肝菌属 *Suillus*

鬼笔亚纲 Phallomycetidae

地星目 Geastrales

地星科 Geastraceae

地星属 *Geastrum*

鬼笔目 Phallales

鬼笔科 Phallaceae

鬼笔属 *Phallus*

木耳目 Auriculariales

木耳科 Auriculariaceae

木耳属 *Auricularia*

鸡油菌目 Cantharellales

鸡油菌科 Cantharellaceae

鸡油菌属 *Cantharellus*

锁瑚菌科 Clavulinaceae

锁瑚菌属 *Clavulina*

衣瑚菌属 *Multiclavula*

齿菌科 Hydnaceae

齿菌属 *Hydnum*

刺革菌目 Hymenochaetales

刺革菌科 Hymenochaetaceae

集毛孔菌属 *Coltricia*

刺革菌属 *Hymenochaete*

褐层孔菌属 *Fulvifomes*

褐孔菌属 *Fuscoporia*

拟木层孔菌属 *Phellinopsis*

黄卧孔菌属 *Xanthoporia*

多孔菌目 Polyporales

拟层孔菌科 Fomitopsidaceae

炮孔菌属 *Laetiporus*

剥管孔菌属 *Piptoporus*

灵芝科 Ganodermataceae

假芝属 *Amauroderma*

灵芝属 *Ganoderma*

巨盖孔菌科 Meripilaceae

硬孔菌属 *Rigidoporus*

皱孔菌科 Meruliaceae

烟管孔菌属 *Bjerkandera*

波边革菌属 *Cymatoderma*

耙齿菌属 *Irpex*

平革菌科 Phanerochaetaceae

小薄孔菌属 *Antrodiella*

伏革菌属 *Terana*

多孔菌科 Polyporaceae

革孔菌属 *Coriolopsis*

拟迷孔菌属 *Daedaleopsis*

棱孔菌属 *Favolus*

滑孔菌属 *Leiotrametes*

香菇属 *Lentinus*

褶孔菌属 *Lenzites*

小孔菌属 *Microporus*

新小层孔菌属 *Neofomitella*

新香菇属 *Neolentinus*

革耳属 *Panus*

多孔菌属 *Polyporus*

密孔菌属 *Pycnoporus*

栓孔菌属 *Trametes*

干酪菌属 *Tyromyces*

红菇目 Russulales

耳匙菌科 Auriscalpiaceae

冠瑚菌属 *Artomyces*

匙菌属 *Auriscalpium*

瘤孢孔菌科 Bondarzewiaceae

瘤孢孔菌属 *Bondarzewia*

红菇科 Russulaceae

乳菇属 *Lactarius*

多汁乳菇属 *Lactifluus*

红菇属 *Russula*

韧革菌科 Stereaceae

韧革菌属 *Stereum*

革菌目 Thelephorales

革菌科 Thelephoraceae

革菌属 *Thelephora*

花耳纲 Dacrymycetes

花耳目 Dacrymycetales

花耳科 Dacrymycetaceae

桂花耳属 Dacryopinax

银耳纲 Tremellomycetes

银耳亚纲 Tremellomycetidea

银耳目 Tremellales

银耳科 Tremellaceae

银耳属 *Tremella*

原生动物界 Protozoa
变形虫门 Amoebozoa
菌虫亚门 Mycetozoa
原柄黏菌纲 Protostelea
原柄黏菌目 Protostelida
鹅绒菌科 Ceratiomyxaceae
鹅绒菌属 *Ceratiomyxav*

六、本书大型真菌种类的编排

本图志参照李玉等（2015）的种类排列方法，并根据实际内容略作改动而按宏观形态分为十大类群，即子囊菌、胶质菌、珊瑚菌、革菌、多孔菌 / 齿菌、鸡油菌 / 钉菇、伞菌、牛肝菌、腹菌、黏菌；各部分的种类则按其拉丁学名的字母顺序排列。这样编排在大多数情况下可把宏观形态相似的类群放在相近的位置，便于查阅对比，包括同属种类的细微差别比较。

而前文表 1 所列的系统则可体现这些种类在现代分类学系统中的地位，可供分类学研究者参考。但在这一系统中，一些形态差异很大的不同类群却可能会放在一个科目内，而形态相似的种类却相隔甚远（如球形的腹菌，马勃 *Lycoperdon* spp. 即位于蘑菇目 Agaricales 的蘑菇科 Agaricaceae 中，而硬皮马勃 *Scleroderma* spp. 则属于牛肝菌目 Boletales 的硬皮马勃科 Sclerodermataceae，它们被置于不同的科目中）。当采集到两个球形的腹菌需要比较时，就要在不同的科目位置下查找，不便于查阅对比。所以，本书并没有按此系统编排。

本书是车八岭大型真菌研究成果的一部分，并未完全反映所有的研究成果。这一方面是由于早期的研究未能留下理想的图片；另一方面则是由于近十年真菌分类学技术发展十分迅速，新的研究成果显示我国许多种类都是非常独特的，一些早期以形态学广义种的概念鉴定种类还有待新的技术进一步复查。为了尽可能避免错误，本书只收录了其中的 200 种，余下的种类留作今后经复核后再续出版。

这是华南第一本包括种类达 200 种的保护区大型真菌图志。虽然与车八岭已知种比较，本书包括的种类不算很多，但作者仍然希望，本图志的出版可为广大读者认识保护区常见的大型真菌提供直观的依据，为相关的专业人士提供科学的参考，为今后更全面的研究打下良好的基础。

本书是在各方大力支持和帮助下完成的。作者在此特别感谢国家自然科学基金项目（编号：30970023，31370072，31370071，31570020）、广东省科技计划项目（编号：2016A030303035）和广东省自然科学基金项目（编号：8251007002000002），以及广州市科技重点专项（编号：201607020017）和广东省科学院科学野外台站基金项目〔粤科院研 [2008]30 号〕等的资助！作者特别感谢广东车八岭国家级自然保护区管理局前局长饶纪

腾、邓赞文副主任、蔡达深工程师及其相关领导、广东省科学院领导和广东省微生物研究所领导等的大力支持，感谢魏江春院士、李玉院士、庄文颖院士、杨祝良研究员、戴玉成研究员、图力古尔研究员、吴兴亮研究员及其他国内外同行专家的支持与帮助，感谢广东省微生物研究所的何晓兰、林群英、李鹏、李跃进、邹世浩的调查或研究工作。

由于认识水平所限，文中仍有许多不足之处，希望读者能够谅解。

中国菌物学会第五届、第六届理事会副理事长
广东省微生物研究所首席科学家、二级研究员
李泰辉　博士
2017 年 7 月

目 录

子囊菌

胶质菌

珊瑚菌

革菌

多孔菌 / 齿菌

鸡油菌

伞菌

牛肝菌

腹菌

黏菌

子囊菌

001 大孢毛杯菌

Cookeina insititia（Berk. & M. A. Curtis）Kuntze

别名大孢刺杯菌。菌体近高脚杯状。子囊盘直径 3~9 mm，高 4~12 mm，初期坛状，后杯形，近白色至带肉色或蛋壳色，边缘有明显的白色至肉色粗毛或刺毛。菌柄长 2~32 mm，直径 1~3 mm，幼时甚短，成熟时显著增长，圆柱形至近圆柱形，近白色，空心。子囊盘边缘的毛长 0.5~3 mm，直径 0.2~0.5 mm，圆锥形，由成束的菌丝组成，近无色至微淡黄色。子囊 400~445×13~16 μm，近圆柱形。子囊孢子 45~53×9~12 μm，梭形或近肾形，不等边，稍弯曲，光滑，无色或近无色，在子囊中单行排列。

生境｜夏秋季常散生或群生于林中水沟旁腐木上。

讨论｜粗毛或刺毛特征较显著，我国主要分布于南方地区。

002　黑轮层炭壳

Daldinia concentrica（Bolton）Ces. & De Not.

别名炭球菌。子座宽 2~8 cm，高 2~6 cm，扁球形至不规则土豆形，多群生或相互连接，初褐色至暗紫红褐色，后黑褐色至黑色，近光滑，光滑处常反光，成熟时出现不明显的子囊壳孔口。子座内部炭质，剖面有黑白相间或几乎全黑色至紫蓝黑色的同心环纹，遇氢氧化钾液会褪色。子囊壳埋生于子座外层，往往有点状的小孔口。子囊 150~200×10~12 μm，圆柱形。子囊孢子 12~17×6~8.5 μm，近椭圆形或近肾形，光滑，暗褐色，芽孔线形。

生境｜生于阔叶树腐木和腐树皮上。

讨论｜我国广为分布。药用菌。

003 橙红二头孢盘菌

Dicephalospora rufocornea（Berk. & Broome）Spooner

子囊盘直径 1~3.5 cm，盘形至近盘形。子实层表面朝上，橙红色、橙黄色至污黄色。囊盘被污黄色至近黄白色。菌柄淡黄色至污黄色，基部暗褐色。子囊 110~160×13~16 μm，近圆柱形至近棒形，孔口遇碘液变蓝色。子囊孢子 24.5~46×4~7.2 μm，长梭形至近圆柱形，无色，光滑，两端具透明附属物。侧丝顶端宽 1.5~3.5 μm，线形。

生境｜夏秋季生于林中腐木上。

讨论｜我国分布于华南和华中等地区。

004　假地舌菌

Geoglossum fallax E. J. Durand

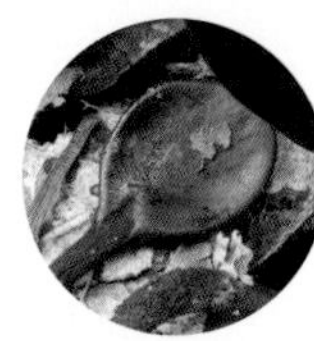

子座高 1~7 cm，黄褐色，后变暗褐色，棍棒形至带菌柄的舌形。可育头部长 0.5~2.5 cm，直径 0.3~1 cm，扁平至长舌形。不育菌柄长 1~4.5 cm，直径 1~4 mm，圆柱形，具小鳞片。子囊棍棒形。子囊孢子 66~90×5~6 μm，棍棒形或圆柱形，薄壁，分隔，棕色。

生境｜夏秋季散生至群生于林中地上。

讨论｜我国南北地区都有报道。该菌有黑色匙状的菌体、长达数十微米的孢子，形态特征较明显。食用性未明。

005 粉棒束孢

Isaria farinosa（Holmsk.）Fr.

别名虫花棒束孢，粉质棒束孢。孢梗束群生或近丛生于寄生昆虫上，虫体被白色基质菌丝包裹。孢梗束高 15~40 mm，直径 1~1.5 mm，不分枝，或偶有分枝，直立。上部长分生孢子部分白色，粉末状。不育部分蛋壳色、橙黄色至米黄色，光滑。分生孢子梗 13~20×2~2.5 μm。分生孢子 2~3.5×1~1.5 μm，近球形至宽椭圆形。

生境｜寄生于鳞翅目、鞘翅目、同翅目和半翅目等昆虫体上。

讨论｜我国各地报道不少。它与细柄棒束孢 *I. tenuipes* Peck.、日本棒束孢 *I. japoinisa* Yasuda 等种类非常相似，还有一些隐形种。这一复合群仍有许多分类学问题有待解决。细柄棒束孢等药用性研究已有不少报道。

006 展生炭垫菌

Nemania effusa（Nitschke）Pouzar

子座平展，平伏长于基物上，凸垫状，橙褐色至锈褐色，成熟时炭质，黑色，具密集点状、环盘状的孔口。外子座可开裂露。内子座几不发育。子囊 60~80×5~8 μm，圆柱形，柄部变细。子囊孢子 5~8×3~3.5 μm，单行排列，近椭圆形至不等边椭圆形，淡褐色，有一不明显的芽孔裂缝。

生境｜平伏长于壳斗科植物等阔叶树腐木或枝条上。

讨论｜其橙褐色至锈褐色、后期黑褐色的颜色特点比较明显。

007 下垂线虫草

Ophiocordyceps nutans（Pat.）G. H. Sung, J. M. Sung, Hywel-Jomes & Spatafora

别名蝽象线虫草、蝽象虫草、下垂虫草。子座单生，偶尔 2~3 根，从寄主胸侧长出。地上部分长 3.5~13 cm，分为头部和柄部。头部长 0.4~1.1 cm，直径 1~2 mm，长椭圆形至短圆柱形，新鲜时橙红色或橙黄色，随着成熟逐渐褪至呈黄色，最后浅黄色，老熟后下垂。菌柄长 3~10 cm，不规则弯曲，纤维状肉质，黑色至黑褐色，有金属光泽，外皮与内部组织间有空隙，内部为白色。子囊 700~750×7~8μm，圆柱形、无色。子囊孢子 8~10×1.4~2 μm，线形，无色，薄壁，光滑，长度比子囊略短，成熟后断裂形成分孢子。分孢子短圆柱形。

生境｜秋季生于半翅目蝽科昆虫成虫上，多出现于林地枯枝落叶层上。

讨论｜这是我国华南地区最容易采集到的种类之一。药用菌。

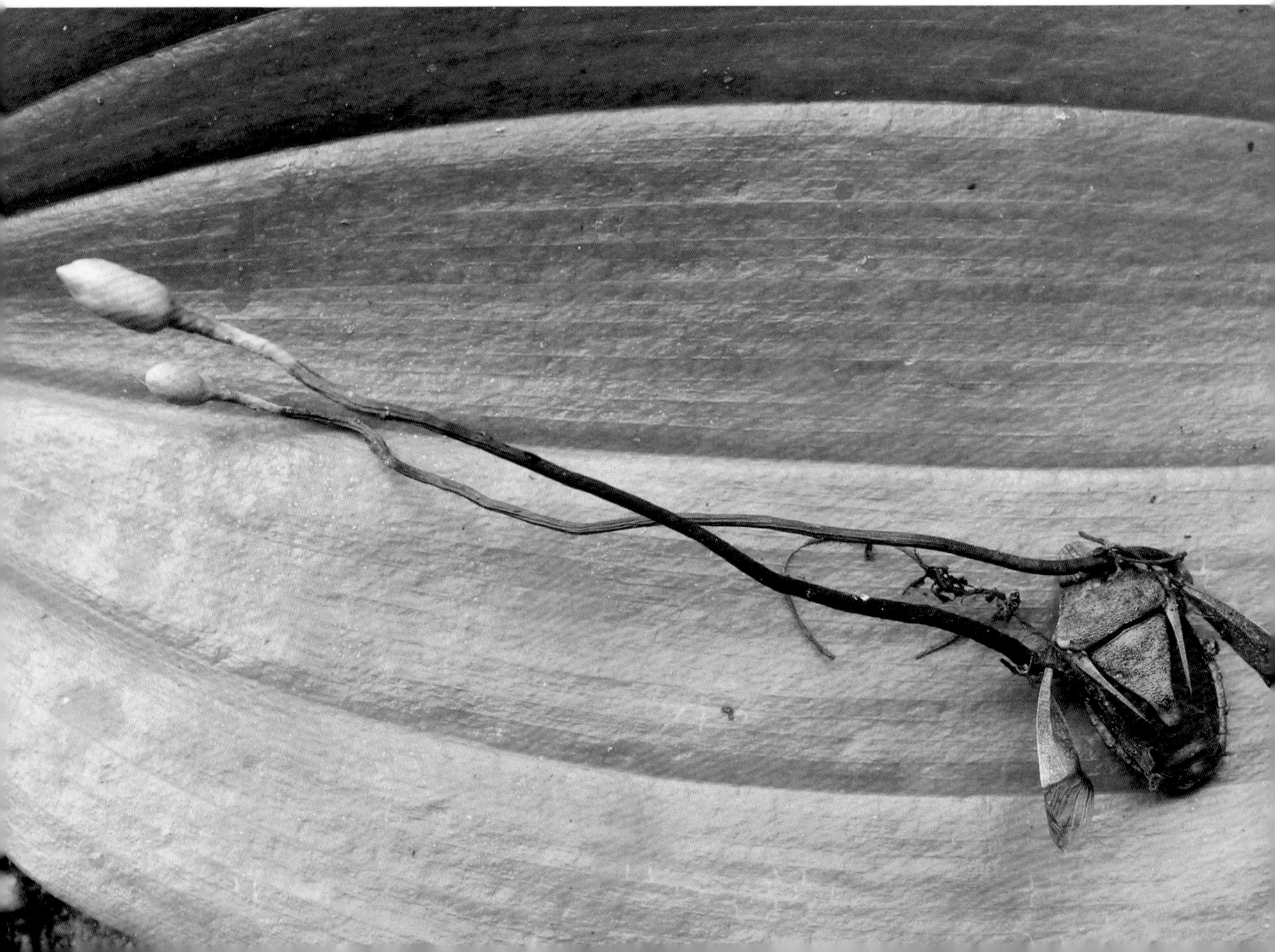

008 尖头线虫草

Ophiocordyceps oxycephala（Penz. & Sacc.）G. H. Sung, J. M. Sung, Hywel-Jomes & Spatafora

别名尖头虫草。子座长 13~15 cm，黄色，1~2 个从蜂体上长出，不分枝至偶有二叉分枝。可育部分长占 1/6~1/4，10~20×1~2 mm，成熟时较粗，椭圆形至柱形，有不育尖端。不育菌柄直径 0.8~1.5 mm，细长，常弯曲。子囊壳 800~1 000×220~300 μm，长瓶颈状，倾斜埋生。子囊 420~470×4~6 μm，细长圆柱状。子囊帽 3.5~4×3~4.2 μm，近球形。子囊孢子比子囊略短，粗 1~1.5 μm，线形，易断裂形成分孢子。分孢子 8~12×1~1.5 μm，长梭形。

生境｜秋季寄生于胡蜂科或姬蜂科昆虫成虫上。

讨论｜长于蜂上的虫草有多种，这是我国南方地区较常见的一种，北方地区也有分布。用途未明。

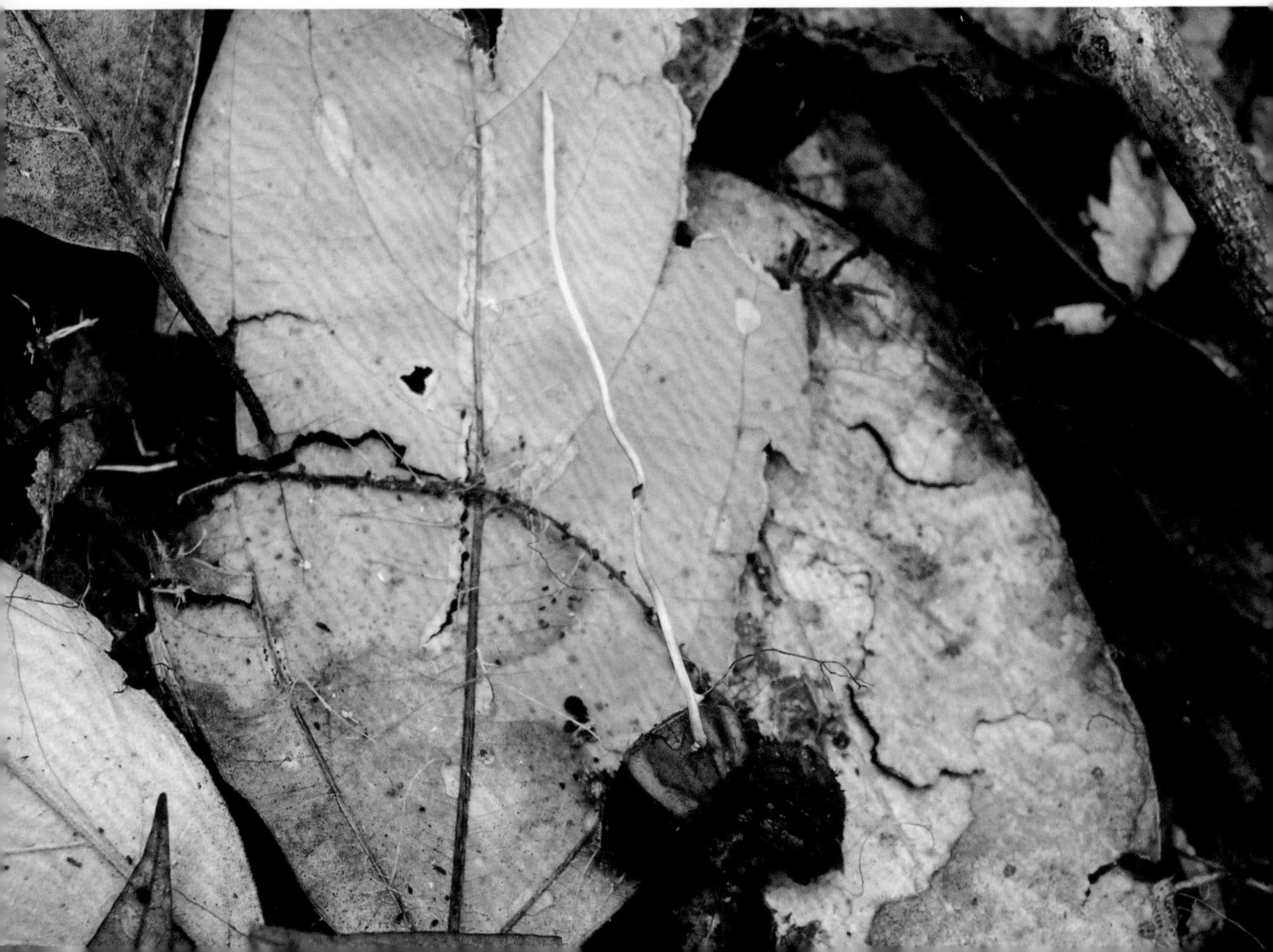

子囊菌

009 中华歪盘菌

Phillipsia chinensis W. Y. Zhuang

子囊盘直径 1~8 cm，盘形至歪盘形，无柄至近无柄。子实层表面朝上，紫红色至污紫红色，有比较淡色的黄色至橙黄色斑点。囊盘被黄白色至近白色。子囊 350~378×14~18 μm，近圆柱形至圆柱形，基部变细，壁较厚，具 8 个子囊孢子。子囊孢子 22~30×11~15 μm，不等边梭椭圆形，两端稍钝，外表多具 7~10 条细脊状纵纹。

生境 | 夏秋季生于腐木上。

讨论 | 这是在中国首先发现的种类，主要见于我国南方地区。其不均匀的颜色有助于人们在野外识别。食毒未明。

010 肉杯菌

Sarcoscypha coccinea（Gray）Boud.

别名红白毛杯菌。子囊盘直径 1~2 cm，杯形。子实层表面朝上，下凹，鲜红色。子囊盘下表面（或称外表面）红色带白色，有微细绒毛。绒毛无色，多弯曲。菌柄长 2 mm，直径 2 mm，极短，如柄状基。子囊 320~384×11~15 μm，圆柱形，遇 Melzer 氏液不变蓝色。侧丝长度与子囊相近，粗约 3 μm。子囊孢子 25~35×9~11 μm，椭圆形，单胞，单行排列，无色。

生境｜生于阔叶林中腐木上。

讨论｜我国主要分布于南方地区。其鲜红的子囊盘十分醒目。有毒。

011　窄孢胶陀盘菌

Trichaleurina tenuispora M. Carbone, Yei Z. Wang & C. L. Huang

子囊盘散生，一般直径 2~6 cm，高 1~5 cm，倒锥形或陀螺状至盘状，内部胶质或似橡胶状，外侧被一层密生烟黑色绒毛。子实层体朝上，下陷成盘状，淡黄色至淡灰黄色，胶质，边缘多毛。子囊 420~500×15~17 μm，圆柱形，8 孢。子囊孢子 27~38×11~14 μm，椭圆形至近梭圆形，侧边不等，透明至淡褐色，有 2~4 油滴。侧丝 470~580×2.5~4 μm，丝状，近透明。外侧绒毛有两种：短细毛直径 5~10 μm，黄色至褐色，圆柱形，光滑，壁厚至 0.5 μm，具隔膜；长细毛直径 10~20 μm，圆柱形，深褐色，壁厚至 1 μm，具密疣。

生境｜散生至群生于林中腐木上。

讨论｜这是一个 2017 年发表的种。在这个种发表前，我国常常把这个种的标本误订为爪哇胶陀盘菌 *Galiella javanica*（Rehm）Nannf. & Korf.。可能有毒。

012 古巴炭角菌

Xylaria cubensis（Mont.）Fr.

子座高 3~9 cm，粗 0.8~1.5 cm，不分枝，棒形，顶端圆钝可育，表面褐色至褐黑色，成熟后可形成皱纹；基部常收细，有时可形成长达 2 cm 的柄状部分；内部白色。子囊壳卵球形，孔口稍不明显至明显。子囊全长 120~180 μm，在 Melzer 氏液中子囊环变蓝色。子囊孢子 8~10.5×4~5 μm，肾形、豆形至椭圆形，褐色至黑褐色。

生境｜单生、散生或近群生于阔叶树腐木上或枯树枝上。木材腐生菌。

讨论｜我国各地区均有报道，但这个热带种在南方地区更为常见。经济用途未明。

013 斯氏炭角菌

Xylaria schweinitzii Berk. & M. A. Curtis

子座高 2~7.3 cm，直径 0.6~1.6 cm，一般为圆柱形、棒形或不规则形，通常不分枝，可育顶端圆钝。子座表面黑褐色或黑色，内部白色，表面粗糙、有皱。子囊长 190~238 μm。子囊孢子 23~32×8~9.6 μm，椭圆形至舟形或拟纺锤形，不等边，褐色至黑褐色，单胞。

生境｜单生于阔叶腐木或枯树枝上。

讨论｜我国分布于华中与华南等地区。炭角菌属是个大属，种类很多，相似种不少，有时仅凭宏观特征较难识别。经济用途未明。

胶质菌

014 毛木耳

Auricularia cornea Ehrenb.

菌体直径可达 10~12 cm，厚 0.5~1.2 mm。新鲜时倒杯形、倒盘形、耳形或贝壳形，较厚，通常群生至叠生，有时单生，棕褐色至黑褐色，胶质，具弹性，质地稍微硬，边缘锐且通常稍卷曲。干后收缩，变硬至角质状，浸水后可恢复成新鲜时的形态及质地。不育面基部常收缩成短柄状，与基质相连，密被粗绒毛，灰色至暗灰色。子实层表面平滑，深褐色至黑色。担孢子 11.6~13.9×4.6~6.1 cm，腊肠形，无色，薄壁，平滑。

生境｜夏秋季生长在多种阔叶树倒木和腐木上。

讨论｜我国常见种类，南方地区更为普遍。我国过去曾长期误把 *Auricularia polytricha*（Mont.）Sacc. 作为毛木耳的拉丁文学名。可以食用和药用。

015 皱木耳

Auricularia delicata（Mont. ex Fr.）Henn.

菌体长 2~5 cm，宽 3~5 cm，无柄，耳状、杯形、扇形或贝壳形，干后显著缩小，胶质。不育面稍具绒毛，有平缓的小突起或有褶皱，淡肉黄色、黄褐色、褐色至红褐色。子实层表面初时较平滑，后呈明显的褶皱，具不规则网状棱纹，近白色、近肉色、淡褐色、红褐色至肉红褐色或近粉红色。担孢子 9~12×4~6 μm，长椭圆形至弯短腊肠形，无色，光滑。

生境｜夏季叠生或群生于阔叶腐木上。

讨论｜子实层面多皱是其显著的特征之一。比较常见的种类，我国南方地区更为常见。药用菌。

016 桂花耳

Dacryopinax spathularia（Schwein.）G. W. Martin

菌体高 0.8~2.6 cm，宽 4~5 mm，近直立匙形，上端弯曲扁平，橙红色至橙黄色；基部变窄成柄状，可延伸入腐木裂缝中，基物内部分栗褐色至黑褐色。担子 2 分叉，2 孢。担孢子 8~14×3.5~4.5 μm，椭圆形至肾形，无色，光滑，初期无横隔，后期形成 1~2 横隔。

生境｜春季至晚秋群生或丛生于杉木等针叶树倒腐木或木桩上。

讨论｜全国各地均有分布。其鲜艳黄色的匙状菌体可作识别特征。可以食用，但个体小，很韧。

017 银耳

Tremella fuciformis Berk.

别名雪耳。菌体宽 4~8 cm，白色，透明或半透明，干时带黄色，遇水浸常能恢复原状，黏滑，胶质，由薄而卷曲的瓣片组成。有隔担子 8~10.6×5~6.8 μm，宽卵形，有 2~4 个斜隔膜，无色，小梗长 2~4.8 μm，生于顶部，常常弯曲，无色。担孢子直径5~7.2 μm，近球形，光滑，无色。菌丝直径约 3.5 μm，无色，有锁状联合。

生境｜群生于阔叶树的腐木上。

讨论｜在我国分布较广，但主要在中南部地区。著名食用菌和药用菌，可规模化栽培。

018 橙黄银耳

Tremella mesenterica Retz.

别名黄银耳。菌体一般高 1~2.5 cm，宽 1~6.5 cm 或可达 11 cm，甚至更大，鲜时橙黄色至近橘黄色、橙黄色，干时橙黄色至带橙红色，由许多厚而脑状或曲折的瓣片组成，有的呈条状生长。菌丝粗 2.5~4 μm，浅黄色具锁状联合。担子 12~23 ×8~18 μm，卵圆形至椭圆形，纵裂为 4 瓣；小梗 50~100 μm，细长，上部膨大。担孢子 7.6~15 ×7~12 μm，椭圆形，无色或浅黄色，含小油滴。

生境｜生于栎等阔叶树腐木上或树皮上。

讨论｜我国南北地区均有报道，南方地区报道较多。著名食用菌和药用菌。

珊瑚菌

019 杯冠瑚菌

Artomyces pyxidatus（Pers.）Jülich

菌体高 3~10 cm，宽 3~9 cm，珊瑚状至近扫帚状，初期外表整体乳白色，渐变淡黄白色，老后或伤后变淡肉黄色、肉色至褐色，肉质；一般从下向上形成多次分枝，通常 3~5 次，直立，分枝基部细，向上渐渐增粗或膨大，分叉处及顶端呈杯状。担孢子 3.6~4.5×2.5~3 μm，椭圆形，表面具微小的凹痕，无色，淀粉质。

生境｜生于阔叶树腐木上。

讨论｜分布较广，我国南北地区均有报道。分枝处呈杯状是它显著的特点。可以食用和药用。

020 珊瑚状锁瑚菌

Clavulina coralloides（L.）J. Schröt.

别名冠锁瑚菌。菌体总体高 3~6 cm，宽 2~5 cm，珊瑚状，多分枝，白色、灰白色或淡粉红色，枝顶端有丛状密集细尖的小枝。菌肉白色，伤不变色，内实。担子 40~60×6~8 μm，双孢，棒形，稀有横隔，具 2 个小梗。担孢子 7~9.5×6~7.5 μm，近球形，光滑，内含 1 个大油球。

生境｜夏秋季丛生于针阔混交林中地上。

讨论｜分布较广，我国南北地区均较常见。过去多采用其异名冠锁瑚菌 *C. cristata*（Holmsk.）J. Schröt.。其顶端常有的丛状细尖的小枝可助野外识别。据记载可食用。

021 亮丽衣瑚菌（参照种）

Multiclavula cf. *clara*（Berk. & M. A. Curtis）R. H. Petersen

菌体高 2~3.5 cm，直径 1~2 mm，柱形，常向上变细，顶部往往稍尖，可育部分稍宽，基部稍细，浅黄色至黄白色，偶带淡橙黄色。菌柄长 5~10 mm，直径 0.5~1.5 mm，基部与藻类相连。担孢子 7~9.5×3.7~4.3 μm，椭圆形，光滑。髓部菌丝直径 4~8 μm。

生境｜夏秋季生于路边土坡上，与藻类共生。

讨论｜亮丽衣瑚菌常橙黄色至淡橙色，在我国南方地区有报道。它与我国较常见的中华衣瑚菌（中华地衣瑚菌）*M. sinensis* R. H. Petersen & M. Zang 相似，但后者橙红色至红色，更为鲜艳。车八岭的标本为浅黄色，与正常的亮丽衣瑚菌特征接近，但橙色不明显，孢子较长，不知是否完全一样（可能生长环境造成褪色），所以暂作参照种处理。食毒未明。

革菌

022 优雅波边革菌

Cymatoderma elegans Jungh.

菌体一年生，具侧生短柄，偶尔多个合生，左右相连，新鲜时革质，干后木栓质。菌盖宽可达 10 cm，厚可达 4 mm，扇形至偏漏斗形；表面新鲜时黄褐色，被厚乳白色绒毛，由基部向边缘延生，具明显皱褶突起，近边缘处具环带，干后灰白色至浅土黄色；边缘薄、锐，干后波状。子实层体新鲜时乳白色，干后米黄色，具皱褶。菌肉米黄色，木栓质。菌柄长可达 4 cm，直径可达 5 mm，圆柱形，被褐色细绒毛。担孢子 7.8~9×4~5 μm，宽椭圆形，无色，薄壁，光滑，非淀粉质，不嗜蓝。

生境｜夏秋季生于阔叶树倒木和落枝上，造成木材白色腐朽。

讨论｜我国南方地区十分常见，在车八岭也经常能采集到。吉林等也有报道。不能食用。

023 大黄锈革菌

Hymenochaete rheicolor（Mont.）Lév.

别名软锈革菌。菌体一年生，平伏反卷，单生或偶尔覆瓦状叠生，革质。菌盖外伸可达 1 cm，宽可达 4 cm，可左右相连成片，厚可达 0.4 mm，半圆形或不规则形；表面黄褐色，被绒毛；边缘锐，波状，黄褐色。子实层体黄褐色，光滑。担孢子 3~6×1.7~3 μm，椭圆形，无色，薄壁，光滑，非淀粉质，不嗜蓝。

生境｜秋季生于阔叶树腐木上，造成木材白色腐朽。

讨论｜我国主要分布于热带、亚热带地区。不能食用。

024 粗毛韧革菌

Stereum hirsutum（Willd.）Pers.

菌体一至二年生，平伏、反卷至明显的菌盖状，通常覆瓦状叠生或左右连生，有时数十个聚生，新鲜时韧革质，干后革质。菌盖长可达 3.8 cm，宽可达 10 cm，基部厚可达 2 mm，半圆形至贝壳状；菌盖表面浅黄色、土黄色、锈黄色、灰黄色，具同心环纹，密被灰白色至深灰色硬毛或粗绒毛；边缘锐，波状，黄褐色，干后常内卷。子实层体奶油色、浅黄色、米黄色、橘黄色或棕色，光滑或具瘤状突起。菌肉奶油色，革质，绒毛层与菌肉层之间有深褐色环带，菌肉厚可达 1mm。担孢子 6~9×2.5~3.9 μm，圆柱形至腊肠形，无色，薄壁，光滑，不嗜蓝，淀粉质。

生境｜能腐生在多种阔叶树储木、栅栏木和薪炭木上。常见木材白色腐朽菌。

讨论｜我国主要见于热带亚热带地区，新疆等北部地区也有报道。药用菌。

025 扁韧革菌

Stereum ostrea（Blume & T. Nees）Fr.

菌体一年生，无柄或具短柄，覆瓦状叠生，革质。菌盖外伸可达 6 cm，宽可达 14 cm，基部厚可达 1 mm，半圆形或扇形；表面鲜黄色至浅栗色，具明显的同心环带，被微细短绒毛；边缘薄、锐，新鲜时金黄色，全缘或开裂，干后内卷。子实层体肉色至蛋壳色，光滑。菌肉厚可达 1 mm，浅黄褐色。担孢子 5~6×2.2~3 μm，宽椭圆形，无色，薄壁，光滑，淀粉质，不嗜蓝。

生境｜春季至秋季生于阔叶树死树、倒木、树桩及腐木上，造成木材白色腐朽。

讨论｜这在我国华南地区相当常见，但北方地区较少报道。

026 蓝色伏革菌

Terana coerulea（Lam.）Kuntze

菌体厚 2~6 mm，膜状伏生于腐木上，向外扩展，深蓝色与浅蓝色，有时边缘与基物接合处为白色，湿时具天鹅绒般的质感或干时显近似蜡质状，除边缘外比较牢固地连接到木头上。担子 40~60×5~7 μm，杯状，透明或蓝色，小梗具有 4 个孢子。担孢子 7~12×4~7 μm，椭圆形，平滑，薄壁，透明或淡蓝色。

生境｜生于阔叶树枯枝上。

讨论｜我国南北地区均有报道，其显著的蓝色十分惹人注目。

027 干巴菌

Thelephora ganbajun M. Zang

别名干巴革菌。菌体长 4~7 cm，宽 3.5~6 cm，高 2~5 cm，革质，漏斗状或莲座状，中部增生。菌盖剑形至扇形，边缘细锯齿状至波浪状，从基部向上延伸，增生分裂成小瓣。子实层体具绒毛，边缘表面黄灰色，基部深灰色至黑色，近光滑至放射状皱纹，无环纹或有不明显环纹。子实层体上表面呈黄灰色至牛皮色，基部紫黑色，有放射状皱纹，有微绒毛，下部表面污紫色，微有皱纹和小疣，无毛，无环纹至不明显环纹。担子 15~24×5~7 μm，棒状，2 孢或 4 孢，有直立的短小梗，透明。生殖菌丝直径 3~5 μm，灰棕色，分叉，有隔，锁状联合；骨架菌丝后壁，有内腔，直径 6~7 μm。无囊状体。担孢子 5.2~6.7×4.6~5.8 μm，球状至近球状，有小瘤，在水中呈浅灰绿色，在 3% 氢氧化钾液中呈浅黄色，非淀粉质。

生境 | 散生或群生于以中华栲、闽南栲、木荷为主的阔叶林或混交林的地上。

讨论 | 干巴菌是我国西南地区的著名食用菌。广东的干巴菌鲜有人采食。分类学上基因分子序列有微小差异，但形态特征一致，这可能是一个复合群。作者检查了干巴菌模式标本的孢子，与车八岭标本的孢子形态大小是一样的，比该种原作者所描述的尺寸要小些。

028 日本革菌

Thelephora japonica Yasuda

菌体高达 10 cm，宽达 9 cm，侧生或无柄，匙形至扇形，斜升，边缘全缘或浅裂，通常合生横向，覆瓦状，苍白的深色或苍白的灰色，干时暗褐色，光滑或稍粗糙，边缘白色；子实层面灰色或黑色煤烟状，干燥，具乳突或钝乳头状。肉厚，革质，柔软，白色。担子 40~55×8~10 µm，棒形 2~4 孢子，小梗长 5~6 µm，无色。孢子 6~10×5.5~8 µm，近球形，苍白色至深紫色，不具小刺或浅刺高至 0.5 µm。

生境｜生于阔叶林中地上。

讨论｜这是我国较稀有的种类。

多孔菌/齿菌

029 假芝

Amauroderma rugosum（Blume & T. Ness）Torrend

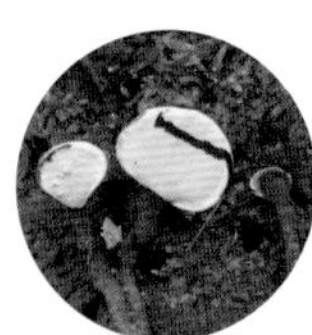

别名皱盖假芝。菌体一年生，有柄，木栓质。菌盖宽 5~9 cm，厚 0.7~1.3 cm，肾形或扇形至近圆形，灰色，无漆样光泽，具环沟纹，边缘处沟纹细密，常具纵皱且往往较明显。菌肉厚 0.1~0.5 cm，木材黄色到暗黄褐色，伤变红色后变灰黑色。菌管长 0.2~0.6 cm，灰色或灰褐色。菌孔密度每毫米 5~7 个，菌孔表面白色到褐色，伤变鲜红色后变灰黑色，管口近圆形。菌柄长 2~14 cm，宽 0.2~0.5 cm，近圆柱形，灰色或灰黑色，无漆样光泽。担孢子直径为 9.5~13 μm，近球形，具不太显著的小刺，近无色至淡黄色。

生境｜生于林中地上或埋藏在地下腐木上。

讨论｜我国南方地区广泛分布。药用菌。

030 柔韧小薄孔菌

Antrodiella duracina（Pat.）I. Lindblad & Ryvarden

别名柔韧干酪菌。菌体直径达 5 cm，具侧生柄，新鲜时革质，干后木栓质。菌盖匙形至半圆形；表面中部呈稻草色，具明显或不明显的同心环纹，光滑；边缘锐，淡黄色至黄褐色。孔口每毫米 7~8 个，表面新鲜时奶油色，干后稻草色至淡黄灰色，具折光反应；多角形；边缘薄，全缘。不育边缘明显。菌肉厚可达 1.2 mm，奶油色。菌管长可达 0.9 mm，淡黄色。菌柄长可达 1 cm，直径可达 0.3~0.5 cm，圆柱形或稍扁平。担孢子 4~5.3×1.5~2 μm，近圆柱形至腊肠形，无色，薄壁，光滑，非淀粉质，不嗜蓝。

生境｜春季至秋季生于阔叶树腐木上，造成木材白色腐朽。

讨论｜我国主要分布于南方地区。

031 耳匙菌

Auriscalpium vulgare Gray

菌体新鲜时革质至软木栓质，干后木栓质至木质。菌盖宽可达 2.3 cm，肾形至近圆形，中部厚可达 1 mm；表面灰褐色至红褐色，被硬毛；边缘锐，干后内卷或略内卷。不育边缘较窄至几乎无。菌肉厚可达 0.3 mm，新鲜时淡白褐色，干后褐色，木栓质，不分层。菌齿每毫米 2~3 个，长可达 1.2 mm，圆柱形至近圆柱形，末端渐尖，褐色，脆质。菌柄长 3~5.5 cm，粗 0.2~0.4 cm，直立，侧生至很少中生，与菌盖同色或更深，内实，基部膨大而松软。担孢子 3.8~5×4~5 μm，无色，宽椭圆形至近球形，具细小疣突，淀粉质。

生境｜夏秋季单生或数个聚生于松科植物的球果上。

讨论｜在我国主要在南方地区报道较多，其长柄及齿状的子实层体可作重要的识别特征。不能食用。

032 烟管孔菌

Bjerkandera adusta（Willd.）P. Karst.

菌体无柄或近无柄，覆瓦状叠生，新鲜时革质至软木栓质，干后木栓质。菌盖外伸可达 3.6 cm，宽可达 5.5 cm；半圆形，基部厚可达 3~5 mm，乳白色至黄褐色或深褐色，有环纹，有时具疣突，被细绒毛；边缘幼时稍厚，后期锐，乳白色，渐变褐色，干后内卷。孔口每毫米 6~8 个，表面新鲜时烟灰色，干后黑灰色，多角形。不育边缘明显，宽可达 3.8 mm，白色。菌肉厚可达 2 mm，干后木栓质，不分层。菌管长可达 1 mm，和孔口表面颜色相近，木栓质。担孢子 3.6~5×2~2.8 μm，长椭圆形至近椭圆形，无色，薄壁，光滑，非淀粉质，不嗜蓝。

生境｜夏秋季生于阔叶树的活立木、死树、倒木和树桩上，造成木材白色腐朽。

讨论｜全国各地均有分布。显著的野外识别特征包括它黄褐色的菌盖、近白色至烟灰色的菌孔及黑灰色的伤变色，伤变色较缓慢。药用菌。

033 伯克利瘤孢孔菌

Bondarzewia berkeleyi（Fr.）Bondartsev & Singer

菌体大型，具柄，花瓣状叠生，新鲜时肉质至软革质，干后软木栓质，无臭无味。菌盖宽可达 20 cm，基部厚可达 6 mm，半圆形至匙形或宽瓣形，常可叠生多层；表面灰褐色至污褐色，有同心环带，干后粗糙；边缘钝至锐，颜色略浅至近白色。孔口每毫米 2~4 个，表面木材色，圆形至多角形；菌孔边缘薄，撕裂状。菌盖不育边缘窄，宽可达 3 mm。菌肉厚可达 5 mm，奶油色至木材色，木栓质。菌管长可达 3 mm，木材色。担孢子 6.3~7.3×5.9~6.6 μm，球形或近球形，无色，厚壁，具明显的短刺，淀粉质，嗜蓝。

生境｜夏秋季生于栎树根部，造成木材白色腐朽。

讨论｜我国华南至西南地区有分布。可以食用和药用。

034 肉桂集毛孔菌

Coltricia cinnamomea（Jacq.）Murrill

别名丝光钹孔菌。菌体软革质。菌盖直径可达 6 cm，中部厚可达 3 mm，近圆形，可数个菌盖合生，深褐色，具不明显的同心环纹，被具光泽的绒毛；边缘薄、锐，干后内卷。孔口每毫米 2~4 个，表面锈褐色，多角形；孔缘薄，全缘或撕裂状。菌肉厚可达 1 mm，锈褐色，革质。菌管长可达 2 mm，红褐色，软木栓质。菌柄长可达 4 cm，直径可达 5 mm，中生或偶尔侧生，暗红褐色，木栓质，被短绒毛。担孢子 6.4~8.4×4.6~6.2 μm，宽椭圆形，浅黄色，厚壁，光滑，非淀粉质，嗜蓝。

生境｜夏秋季生于阔叶树林中地上，造成木材白色腐朽。

讨论｜我国主要分布于南方地区。药用性未明。

035 大集毛孔菌

Coltricia montagnei（Fr.）Murrill

菌体新鲜时木栓质，干后脆质。菌盖直径可达 4 cm，中部厚可达 3 mm，近圆形至漏斗形；表面干后肉桂色，被微绒毛至光滑，具不明显同心环纹；边缘幼时稍厚钝，后变薄、锐，有时撕裂状，干后内卷。子实层体初近白色，后黄褐色至褐色，具同心环状菌褶，菌褶每毫米 1~2 个。褶边缘或孔口边缘薄，撕裂状。菌肉厚可达 0.5 mm，暗褐色，干后软木栓质。菌褶或菌管长可达 2.5 mm，与孔口表面同色，干后脆质。菌柄长可达 3 cm，直径可达 4 mm，中生，浅黄褐色，硬木栓质，具绒毛。担孢子 9~12×5.4~7 µm，椭圆形至卵圆形，有时长椭圆形，浅黄色，厚壁，光滑，非淀粉质，嗜蓝。

生境 | 夏季单生于阔叶林中地上，造成木材白色腐朽。

讨论 | 我国华南与西南等地有报道，其环状褶一样子实层体相当特别，可作重要识别特征。不能食用，药用性未明。

036 光盖革孔菌

Coriolopsis glabrorigens（Lloyd）Núñez & Ryvarden

菌体一年生，无柄盖状。菌盖左右相连，通常覆瓦状叠生，新鲜时革质，干后木栓质。菌盖长可达 2~3 cm，宽可达 6 cm，基部厚可达 5 mm，半圆形、扇形或近贝壳状，表面肉桂黄褐色、蜜黄色、浅黄褐色、土黄褐色，基部被密绒毛，边缘处光滑，具明显不同颜色的同心环纹或环沟，有时具疣状物或放射状条纹，边缘锐或钝而颜色较中部浅。孔口宽可达 1 mm，表面新鲜时浅棕黄褐色至红褐色，具折光反应。不育边缘不明显，乳黄色。孔口每毫米 5~6 个，多角形。菌肉厚可达 2.3 mm，浅土黄色，木栓质，无环区。菌管长可达 3.2 mm，与菌肉同色，木栓质。担孢子 5~6×2~2.8 μm，窄圆柱形，无色，薄壁，光滑，非淀粉质，不嗜蓝。

生境｜生长在多种阔叶树储木上，为木材白色腐朽菌。

讨论｜我国华南地区较为常见。不能食用。

037 裂拟迷孔菌

Daedaleopsis confragosa（Bolton）J. Schröt.

菌体覆瓦状叠生，木栓质。菌盖外伸可达 6 cm，宽可达 15 cm，中部厚可达 2.5 cm，半圆形至贝壳形；表面浅黄色至褐色，初期被细绒毛，后期光滑，具褐灰色、紫灰色至褐色同心环纹和放射状纵条纹，有时具疣突；边缘锐。孔口每毫米 1 个，表面黄白色、奶油色至浅黄褐色，近圆形、长方形、迷宫状或齿裂状，后多至分叉的菌褶状；边缘薄，锯齿状。不育边缘宽可达 0.5 mm，窄，奶油色。菌肉厚可达 15 mm，浅黄褐色。菌管长可达 10 mm，与菌肉同色。担孢子 6~7.6 ×1.2~1.9 μm，圆柱形，略弯曲，无色，薄壁，光滑，非淀粉质，不嗜蓝。

生境｜夏秋季生于柳树的活立木和倒木上，造成木材白色腐朽。

讨论｜全国各地均有分布。药用菌。

038 堆棱孔菌

Favolus acervatus（Lloyd）Sotome & T. Hatt.

菌体一年生，单生，近肉质至革质、木栓质。菌盖从基部到边缘可达 3~5 cm，厚处可达 3 mm，近贝壳形至扇形；表面新鲜时白色至奶油色或淡黄灰色，干后淡褐色，边缘锐至多全缘而干后略内卷。孔口每毫米 2~4 个，表面白色至奶油色，多角形；边缘薄。菌肉厚可达 1.5 mm，新鲜时白色。菌柄长可达 2 cm，直径可达 1.5 mm，圆柱形至扁平。担孢子 8.2~9.8×2.6~3.2 μm，圆柱形，略弯曲，无色，薄壁，光滑，非淀粉质，不嗜蓝。

生境｜夏秋季单生于阔叶树死树或倒木上，造成木材白色腐朽。

讨论｜广东有分布。菌体小型，近白色，特点较为突出。

039 亚牛舌菌

Fistulina subhepatica B. K. Cui & J. Song

别名亚牛排菌。菌体多数单生，新鲜时肉质，软，伤后有血红色汁液流出。菌盖宽可达 15 cm，扁平舌状，半圆形至近匙形，表面新鲜时红色至红褐色，干后肝脏色或褐色。孔口甚细小，表面新鲜时白色，触摸后变为肉红色。菌肉基部厚可达 6 cm，红色至淡红色，具条纹斑痕。菌管长可达 1 cm，新鲜时白色至浅黄色，干后褐色。菌柄无至具侧生的短柄。担孢子 4~6×3~4.2 μm，宽椭圆形至近球形，无色，壁稍厚，光滑，非淀粉质，嗜蓝。

生境｜春季至秋季生于壳斗科等阔叶林中树根或死树上，造成木材褐色腐朽。

讨论｜广东、江西、云南等地有分布。过去广东的标本常被误订为牛舌菌 *Fistulina hepatica*（Schaeff.）With.。可以食用和药用。

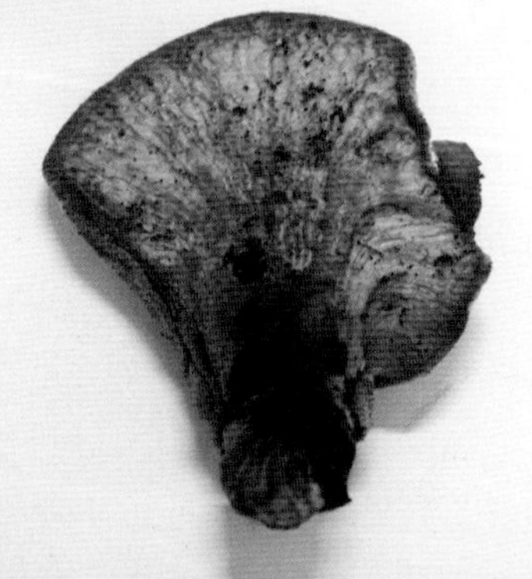

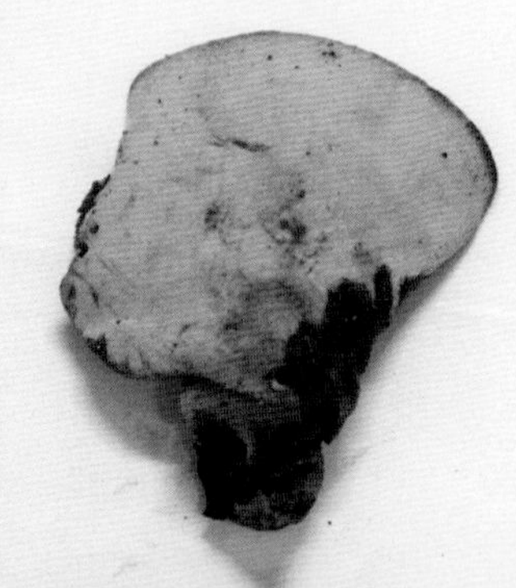

040 金平褐层孔菌

Fulvifomes kanehirae（Yasuda）Y. C. Dai

别名金平木层孔菌、褐木层孔菌、褐肉木层孔菌。菌体覆瓦状叠生。菌盖外伸可达 8 cm，宽可达 10 cm，厚可达 0.9 cm，半圆形或扇形，表面新鲜时黄褐色，干后灰褐色，被绒毛，具明显的同心环纹，边缘锐或略尖。孔口每毫米 6~7 个，圆形，表面新鲜时暗褐色，干后黑褐色，具弱折光反应；孔缘薄，全缘或撕裂状。菌肉厚可达 5 mm，暗褐色，异质，层间具一黑线。菌管长可达 4 mm，干后灰褐色。菌柄无或侧生，长达 6 mm。担孢子 3~3.9×2~3 μm，宽椭圆形，浅黄色，厚壁，光滑，非淀粉质，弱嗜蓝。

生境｜春季至秋季生于阔叶树死树、倒木和腐木上，造成木材白色腐朽。

讨论｜我国南方多省区均有分布。经济用途未明。

041 黑壳褐孔菌

Fuscoporia rhabarbarina（Berk.）Groposo, Log-Leite & Góes-Neto

别名黑木层孔菌。菌体单生或覆瓦状叠生，木栓质。菌盖长可达 7 cm，宽可达 15 cm，基部厚可达 3 cm，贝壳形；表面浅黄褐色、灰褐色或灰黑色，具同心环沟和环纹；边缘钝。孔口每毫米 7~9 个，表面污褐色至浅栗褐色，无折光反应，圆形。菌肉厚可达 2 cm，栗褐色，干后硬木栓质。菌管长达 12 mm，与菌肉同色，硬木质，菌管分层清晰，层间被菌肉层隔开。担孢子 3.3~4.1×2.1~2.4 μm，宽椭圆形至椭圆形，无色，薄壁，光滑。

生境｜春季至秋季生于阔叶树活立木、倒木和树桩上，造成木材白色腐朽。

讨论｜广东、海南、广西、云南等热带亚热带地区有分布。经济用途未明。

042 厚灵芝

Ganoderma incrassatum（Berk.）Bres.

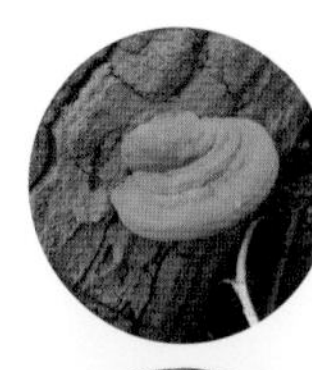
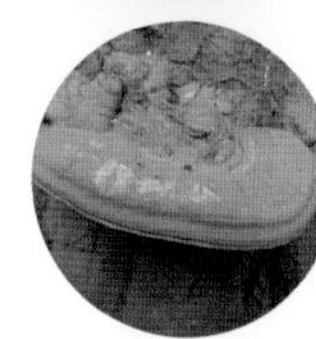

别名厚质灵芝。菌体木栓质。菌盖长可达 55 cm，宽可达 35 cm，基部厚可达 7 cm，通常半圆形；表面锈褐色、灰褐色至黑褐色，具明显的环沟和环纹；边缘奶油色至浅灰褐色，圆钝。孔口每毫米 4~5 个，表面灰白色至淡褐色，干后灰褐色、近污黄色或淡褐色，圆形；管口边缘较厚，全缘。菌肉厚可达 3 cm，新鲜时浅褐色，干后可变为棕褐色。菌管长可达 4 cm，暗褐色。菌柄无。担孢子 7~8.8×4.2~5.5 μm，广卵圆形，顶端平截，淡褐色至褐色，双层壁，外壁无色、光滑，内壁具小刺。

生境｜春季至秋季生于多种阔叶树的活立木、倒木、树桩和腐木上，造成木材白色腐朽。

讨论｜我国南方地区有分布。许多资料显示厚灵芝是平盖灵芝 *G. applanatum*（Pers.）Pat. 的异名，它与南方灵芝 *G. australe*（Fr.）Pat. 也相似，而黄亦存等（2012）研究认为它们是有区别的，如南方灵芝孢子比较大。本书采用了后者的观点。药用菌。

043 灵芝

Ganoderma lingzhi Sheng H. Wu, Y. Cao & Y. C. Dai

别名四川灵芝。菌体新鲜时软木栓质，干后木栓质。菌盖长可达 12 cm，宽可达 16 cm，基部厚可达 2.6 cm，平展盖形，具同心环沟纹，颜色多变，幼时浅黄色、浅黄褐色至黄褐色，成熟时黄褐色至红褐色；边缘钝或锐。孔口每毫米 5~6 个，表面幼时白色，成熟时硫黄色，触摸后变为褐色或深褐色，干燥时淡黄色，近圆形或多角形，边缘薄而全缘。菌肉厚可达 1 cm，木材色至浅褐色，双层，上层菌肉颜色浅，下层菌肉颜色深，软木栓质。菌管长可达 1.7 cm，褐色，木栓质，颜色明显比菌肉深。菌柄长可达 22 cm，直径可达 3.5 cm，侧生或偏生，扁平状或近圆柱形，幼时橙黄色至浅黄褐色，成熟时红褐色至紫黑色。担孢子 9~10.7×5.8~7 μm，椭圆形，顶端平截，浅褐色，双层壁，内壁具小刺。

生境 | 夏秋季生于多种阔叶树的垂死木、倒木和腐木上，造成木材白色腐朽。

讨论 | 全国各地均有分布。有专家认为它的拉丁学名为 *G. sichuanense* J. D. Zhao & X. Q. Zhang，另一些专家则认为 *G. lingzhi*.。本书采用了后一拉丁名。我国最著名的药用菌。

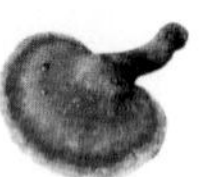

044 紫芝

Ganoderma sinense J. D. Zhao, L. W. Hsu & X. Q. Zhang

别名中华灵芝。菌体一年生，具侧生柄，干后软木栓质至木栓质。菌盖长可达 8 cm，宽可达 9.5 cm，基部厚可达 2 cm，半圆形、近圆形或匙形；表面新鲜时漆黑色，光滑，具明显的同心环纹和纵皱，干后紫褐色、紫黑色至近黑色，具漆样光泽。孔口每毫米 5~6 个，表面干后污白色、淡褐色至深褐色，略圆形；边缘薄而全缘。菌肉厚可达 8 mm，褐色至深褐色，中间具一黑色壳质层，软木栓质。菌管长可达 1.3 cm，褐色至深褐色。菌柄长 5~15 cm，粗 0.7~3 cm，侧生或偏生，有光泽。担孢子 11.2~12.5×7~8 μm，椭圆形，双层壁，外壁无色、光滑，内壁淡褐色至褐色、具小脊。

生境｜春季至秋季单生于多种阔叶树的腐木上，造成木材白色腐朽。

讨论｜我国主要分布于南方地区。著名药用菌。

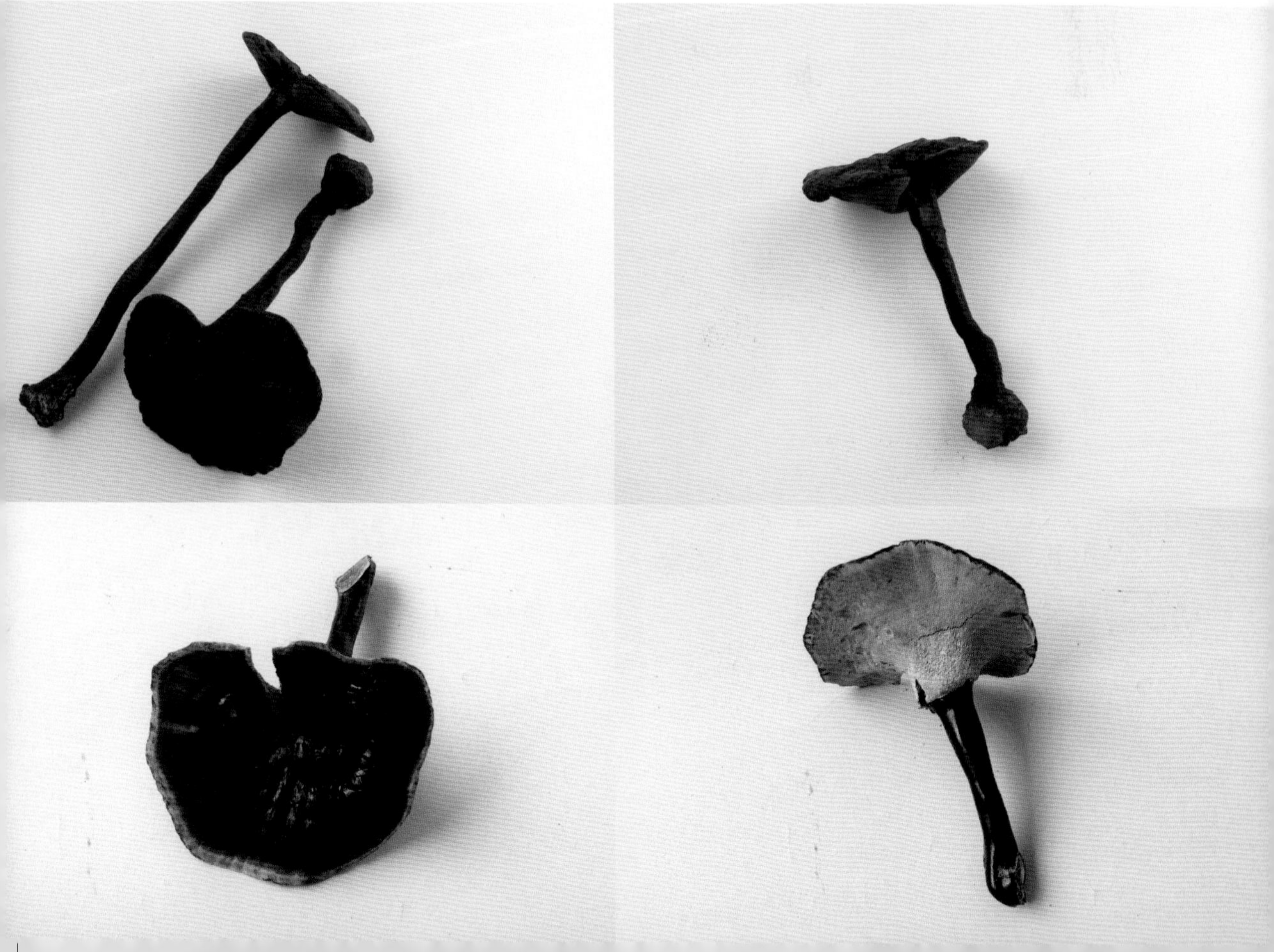

045 卷缘齿菌

Hydnum repandum L.

菌体新鲜时肉质，干后软木栓质。菌盖直径可达 5 cm，圆形，中部厚可达 4 mm；表面新鲜时奶油色至淡黄色，干后土黄色，光滑；边缘锐，干后上卷。子实层体淡黄色至黄褐色，刺状，菌刺间部分粗糙。菌肉厚可达 1 mm，分层，上层奶油色至淡黄色，软木栓质；下层厚可达 0.5 mm，颜色稍暗，硬木栓质。菌刺长可达 4 mm，每毫米 2~3 个，黄褐色，分布较密，锥形，顶端尖锐，新鲜时脆质，触摸后易折断，干后稍弯曲。菌柄长可达 4 cm，直径可达 1 cm，中生或偏侧生，与菌盖表面同色，圆柱形，实心，干后皱缩，表面具不规则沟槽。担孢子 7.8~9×6.6~7.8 μm，近球形，无色，薄壁，光滑。

生境｜夏秋季多单生或聚生于阔叶林或针阔混交林中地上。

讨论｜我国南北地区均有报道。车八岭的标本菌体比较小。可以食用和药用。

046 鲑贝耙齿菌

Irpex consors Berk.

菌体平伏至反卷，新鲜时革质，干后硬革质。菌盖外伸可达 4 cm，宽可达 5 cm，厚可达 3.8 mm；表面新鲜时橘黄色至黄褐色，具同心环纹；边缘锐，干后内卷。孔口表面橘黄褐色至黄褐色，近圆形，每毫米 2~3 个；边缘薄，撕裂状。不育边缘窄至几乎无。菌肉革质，厚处可达 4 mm。菌管或菌齿单层，黄褐色，干后硬纤维质，长可达 4 mm。担孢子 3.5~5×2.5~3.2 μm，宽椭圆形，无色，薄壁，光滑，非淀粉质，不嗜蓝。

生境｜春季至秋季生于阔叶树的活立木、死树、倒木和腐木上，造成木材白色腐朽。

讨论｜我国主要在南方地区有报道。药用菌。

047 硫色炯孔菌（参照种）

Laetiporus cf. *sulphureus*（Bull.）Murrill

别名硫黄菌。菌体初期瘤状，似脑髓状。菌盖宽 8~30 cm，厚 1~2 cm，常覆瓦状排列，肉质多汗，干后轻而脆。菌盖表面硫黄色至鲜橙色或橙红褐色，有细绒或无，有皱纹，无环纹；边缘薄而锐，波浪状至瓣裂。菌肉厚，松软，白色或浅黄色。管孔表面硫黄色，近盖缘近白色，干后褪色。孔口每毫米3~4个，多角形。菌柄无或不明显。孢子4.5~7×4~5 μm，卵形，近球形，光滑，无色。

生境｜生于活立木树干、枯立木上。

讨论｜全国各地均有分布。我国与硫色炯孔菌相似的种类有好几种，这个亚热带的标本是否与原描述与欧洲的硫色炯孔菌完全一样还有待深入研究。这里暂作参照种处理。食用菌和药用菌。但也有报道认为有一定毒性，慎食。

048 粉灰滑孔菌

Leiotrametes menziesii（Berk.）Welti & Courtec.

别名粉灰栓孔菌。菌盖长 2.5~6 cm，宽 1.6~3.8 cm，厚 2~3 mm，扇形至半圆形，灰色至鼠灰色，有时由于苔藓生长其上而成为青绿色，边缘灰白色，被直立或近直立的粗毛，具灰色的同心环纹，环纹部分的绒毛较长，贴生，边缘薄而锐。菌管长 2~3 mm，表面黄白色。菌孔每毫米 2~3 个，近六角形，表面呈齿耙状。菌肉薄，白色，均匀。菌柄无或不明显。担子 15~18×5~6 μm，棒形，4 个孢子，小梗长 2~3 μm，直立。孢子 6~7×3~3.5 μm，椭圆形，光滑，无色，非淀粉质。菌盖表面的绒毛突出表面可达 900 μm，粗 4~5 μm，无色，无隔膜，由薄壁菌丝所构成，束状。

生境｜叠生于阔叶树腐木上，引起木材白腐。

讨论｜我国华南等南方地区有分布。经济用途未明。

049 桦褶孔菌

Lenzites betulina（L.）Fr.

别名桦革裥菌。菌体覆瓦状叠生，革质。菌盖长可达 5 cm，宽可达 7 cm，中部厚可达 1.5 cm，扇形；表面新鲜时乳白色至浅灰褐色，被绒毛或粗毛，具不同颜色的同心环纹；边缘锐而完整或波状。子实层体初期奶油色，后期浅褐色，干后黄褐色至灰褐色，褶状，放射状排列，靠近边缘处孔状或二叉分枝；边缘薄，全缘或稍撕裂状。菌肉厚可达 3 mm，浅黄色。菌褶宽可达 12 mm，每毫米 0.5~2 片，黄褐色至灰褐色。菌柄无。担孢子 4.5~5.3×1.5~2 μm，圆柱形至腊肠形，无色，薄壁，光滑。

生境｜春季至秋季叠生于阔叶树特别是桦树的活立木、死树、倒木和树桩上，造成木材白色腐朽。

讨论｜全国各地均有分布。药用菌。

050 近缘小孔菌

Microporus affinis（Blume & T. Nees）Kuntze

别名相邻小孔菌。菌体木栓质。菌盖长可达 5 cm，宽可达 8 cm，基部厚可达 5 mm，半圆形至扇形；表面淡黄色至黑色，具明显的环纹和环沟。孔口每毫米 7~9 个，圆形；表面新鲜时白色至奶油色，干后淡黄色至赭石色；边缘薄，全缘；菌肉厚可达 4 mm，干后淡黄色；菌管长可达 2 mm，与孔口表面同色。菌柄侧生或不明显，长可达 2 cm，直径可达 6 mm，暗褐色至褐色，光滑，担孢子 3.5~4.5 ×1.5~2 μm，短圆柱形至腊肠形，无色，薄壁，光滑。

生境｜春季至秋季群生于阔叶树倒木或落枝上，造成木材白色腐朽。

讨论｜我国南方地区十分常见。与黄褐小孔菌（盏芝）*M. xanthopus*（Fr.）Kuntze 相似，但后者菌盖较薄，菌孔及孢子较大。经济用途未明。

051 黄褐小孔菌

Microporus xanthopus（Fr.）Kuntze

别名黄柄小孔菌。菌体韧革质。菌盖直径可达 8 cm，圆形至漏斗形，中部厚可达 5 mm；表面新鲜时浅黄褐色至黄褐色，具同心环纹；边缘锐，浅棕黄色、黄色或黄褐色至红褐色或紫红褐色，波状，有时撕裂。孔口每毫米 8~10 个，表面新鲜时白色至奶油色，干后淡赭石色，多角形；边缘明显，薄，全缘。菌肉厚可达 3 mm，干后淡棕黄色。菌管长可达 2 mm，与孔口表面同色。菌柄长可达 2 cm，直径可达 2.5 mm，中生，黄至浅黄褐色，光滑，柄基部常吸盘状增大。担孢子 6~7.3×2~2.5 μm，短圆柱形，略弯曲，无色，薄壁，光滑。

生境｜春季至秋季单生或群生于阔叶树倒木上，造成木材白色腐朽。

讨论｜我国南方地区十分常见。因菌盖较薄且四周上翘，常常呈灯盏状，故又称盏芝。相似种近缘小孔菌 *M. affinis*（Blume & T. Ness）Kuntze 的孢子较小，菌盖边缘较厚。食药性未明。

052 灰新小层孔菌

Neofomitella fumosipora（Corner）Y. C. Dai, Hai J. Li & Vlasák

菌体平伏反卷至盖状，单生至覆瓦状叠生，通常左右连接形成大的复合体，韧革质，干后硬木栓质。菌盖多数半圆形至扇形，单个菌盖长达 5 cm，宽达 7 cm，中部厚达 7 mm；菌盖表面蓝灰色至浅黄红色或黄褐色、红褐色至近黑色，光滑，具同心环纹和环沟；边缘钝。孔口表面奶油色至浅黄色，触后变为灰褐色；孔口每毫米 6~10 个，多角形至圆形。菌肉厚达 3.8 mm，异质，上层奶油色至浅灰色；下层厚达 2 mm，浅黄褐色至黄褐色，硬木栓质；菌管长达 2 mm，与孔面同色。担子 9.5~18 × 3.7~5 μm，棍棒形；拟担子占多数，形状与担子相似但略小些。担孢子 2.9~4×1.8~2.1 μm，短圆柱形至长椭圆形，无色，薄壁，光滑，有时含有两个小的液泡。

生境｜生于阔叶树倒木和木桩上。

讨论｜我国南方地区有分布。食药性未明。

053 针拟木层孔菌

Phellinopsis conchata（Pers.）Y. C. Dai

别名贝形木层孔菌、针贝针孔菌、贝状木层孔菌。菌体木质而硬。菌盖平状至平状反卷，形状变化较大，当长于腐木下表面时，初期平伏无菌盖，后形成明显的菌盖，菌盖长达 8cm，宽达 12 cm，基部厚达 5~15 mm，半圆形成贝壳状，表面咖啡色至酱色或暗灰色变至近黑色，或褪为深棕灰色，具同心环纹和环棱。菌盖边缘锐，常常波浪状，有绒毛。菌肉厚 1.5~3 mm，锈褐色。菌管多层，但层次不明显，每层厚 1.5~2.5 mm，与菌肉同色。管口每毫米 5~7 个，淡黄色、淡黄褐色至与菌管里同色，圆形。刚毛长 22~32 μm，基部膨大处 4~10 μm，顶端尖锐。菌柄无。担子 12~18×3.8~4 μm，棒状，具 4 小梗。孢子 3.6~4.8×3.8~5.2 μm，近球形，无色。

生境｜生于阔叶树腐木上，多年生。

讨论｜我国大多数省区均有分布，但主要分布在南方各省区。过去多采用贝状木层孔菌 *Phellinus corchatus*（Pers.）Quél. 的学名。药用菌。

054 梭伦剥管孔菌

Piptoporus soloniensis（Dubois）Pilát

别名梭伦剥管菌。菌体具侧生短柄或无柄，覆瓦状叠生，新鲜时软革质，干后软木栓质。菌盖直径可达 26 cm，半圆形或圆形；中部厚可达 28 mm；表面新鲜时乳白色，干后赭石色；边缘锐，新鲜时波状，干后内卷。孔口每毫米 4~5 个，表面新鲜时乳白色，干后赭石色，无折光反应；近圆形；边缘薄或略厚，全缘。菌肉厚可达 18 mm，新鲜时奶油色，肉质，干后浅黄色或浅粉黄色，海绵质或软木栓质。菌管长可达 9 mm，与孔口表面同色。菌柄长可达 2 cm，直径可达 2 cm，侧生短柄或无柄，新鲜时奶油色，干后浅赭石色，被细绒毛或光滑。担孢子4.8~6×2.8~3.8 μm，椭圆形，无色，薄壁，光滑，非淀粉质，不嗜蓝。

生境｜夏季生于阔叶树、腐木上，造成木材褐色腐朽。

讨论｜我国南北地区均有分布。食药性未明。

055 漏斗多孔菌

Polyporus arcularius（Batsch）Fr.

别名漏斗香菇、漏斗棱孔菌。菌盖直径 1.5~3 mm，圆形至漏斗形，灰褐色，被暗色刺毛，有时有不明显的同心环纹。菌管表面黄色或白色；菌孔角形，每毫米 1~3 个。菌柄中生，7~20×1.5~2.5 mm，灰褐色，被绒毛。菌肉白色，薄。双型菌丝系统：生殖菌丝壁厚约 1 μm，粗 3~4 μm，分枝，有隔膜和锁状联合；联络菌丝壁厚约 1.5 μm，粗 3.5 μm，分枝，无隔膜。担子 20~23×4~5 μm，2~4 个孢子，棒形，小梗直立，长约 2 μm。担孢子 7~8×3~3.5 μm，椭圆形，光滑，无色，非淀粉质，含 1~2 个油球。

生境｜单生至群生于阔叶树的腐木上。

讨论｜全国各地均有分布，十分常见的种类，其细长的菌柄在多孔菌中较有特色，容易辨认。有人认为它与香菇属 *Lentinus* 有密切关系，并主张组合成漏斗香菇 *Lentinus arcularius*（Batsch）Zmitr.。有人食用，但纤维很多。可以药用。

056 褐多孔菌

Polyporus badius（Pers.）Schwein

菌体肉质至革质。菌盖外伸可达 6 cm，宽可达 9 cm，厚可达 4 mm，圆形或扇形；表面灰黄色、深黄褐色、橙褐色至黑褐色，常有同心环纹，光滑；边缘锐，干后内卷。孔口每毫米 6~8 个，表面新鲜时白色，干后浅黄色至橘黄色，近圆形；边缘薄，全缘。菌肉厚可达 3 mm，新鲜时白色，干后淡黄色。菌管长可达 1 mm，与孔口表面同色。菌柄长可达 3 cm，直径可达 7 mm，侧生，黑色，被绒毛。担孢子 6.5~8×3~3.8 μm，圆柱形，薄壁，光滑，无色，非淀粉质，不嗜蓝。

生境｜夏季单生或聚生于阔叶树倒木上，造成木材白色腐朽。

讨论｜我国南北地区均有分布。药用菌。

057 栓多孔菌

Polyporus trametoides Corner

菌体具侧生柄，革质至木栓质。菌盖从基部向外伸可达 3~4 cm，宽可达 4~5 cm，基部厚可达 3 mm，幼时近匙形，后渐变至扇形，表面新鲜时赭色，干后黄褐色，光滑没毛，具多个浅色同心环纹，并常具有辐射状浅色短纹，形成黄褐色小斑；边缘锐，波状。孔口每毫米 3~5 个，圆形至多角形，表面奶油色，干后黄色；边缘薄，全缘或撕裂状。菌肉厚可达 1.5 mm，黄白色、奶油色至淡黄色。菌管长可达 1.5 mm，与孔口表面同色或略浅。菌柄极短至 1.3 cm 长，直径可达 5~7 mm，与菌盖同色，光滑。担孢子 6~7×2.3~3 μm，圆柱形，薄壁，光滑，无色，非淀粉质，不嗜蓝。

生境 | 单生、散生至近群生于阔叶树倒木上，造成木材白色腐朽。

讨论 | 我国分布于华南地区。菌盖上由于同心环纹及辐射状浅色短纹形成黄褐色小斑可作野外识别特征。食药性未明。

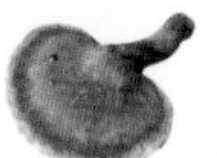

058 血红密孔菌

Pycnoporus sanguineus（L.）Murrill

菌体木栓质到革质。菌盖从基部向外伸可达 3~4 cm，宽可达 5~6 cm，基部厚可达 0.5~1 cm，扇形、半圆形或肾形；表面新鲜时浅红褐色、锈褐色至黄褐色，后期褪色至部分近白色，干后几乎不变色；边缘锐，有时波状。菌肉厚可达 10 mm，浅红褐色至红褐色。孔口每毫米 5~6 个，表面新鲜时砖红色、橙红色至深红色；近圆形。不育边缘明显，宽可达 1 mm，常橙黄色到杏黄色。菌管长达 2 mm，橙红色至红褐色。担孢子 3.6~4.5×1.6~2 µm，圆柱形，薄壁，光滑，无色，非淀粉质，不嗜蓝。

生境｜散生至群生或簇生于多种阔叶树倒木、树桩和腐木上，造成木材白色腐朽。

讨论｜全国各地均有分布，常见种。这个种与朱红密孔菌 *P. cinnabarinus*（Jacq.）P. Karst.、绯红密孔菌（脂红密孔菌）*P. coccineus*（Fr.）Bondartsev & Singer 和鲜红密孔菌 *P. puniceus*（Fr.）Ryvarden 几个种非常相似，需细心区别。药用菌。

059 平丝硬孔菌

Rigidoporus lineatus（Pers.）Ryvarden

菌体覆瓦状叠生，木栓质。菌盖长可达 6 cm，宽可达 11 cm，厚可达 1.5 cm，半圆形至扇形；菌盖表面土黄色、浅黄色或棕黄色，干后木材色，被微绒毛，具同心环纹，具放射状纵皱纹；边缘逐渐变薄，锐或钝，波状，干后内卷。孔口每毫米 8~10 个，表面新鲜时浅橘红色，干后赭色、棕灰色或灰褐色，略具折光反应；圆形或多角形；孔口边缘薄，全缘或撕裂状。不育边缘明显，宽可达 5 mm。菌肉厚可达 10 mm。菌管长可达 5 mm，浅灰色至灰褐色。担孢子 4.7~5.5×4.1~5 μm，近球形，无色，薄壁，非淀粉质，弱嗜蓝。

生境｜夏秋季生于阔叶树死树上，造成木材白色腐朽。

讨论｜我国南方多省区有报道。食药性未明。

060 雅致栓孔菌

Trametes elegans（Spreng.）Fr.

菌体硬革质。菌盖长可达 6 cm，宽可达 10 cm，半圆形，中部厚可达 1.5 cm；菌盖表面白色至浅灰白色，基部具瘤状突起；边缘锐，全缘，与菌盖同色。孔口每毫米 2~3 个，表面奶油色至浅黄色；多角形至迷宫状，放射状排列，边缘薄或厚，全缘。不育宽可达 2 mm，边缘奶油色。菌肉厚可达 9 mm，乳白色。菌管长可达 6 mm，奶油色。担孢子 4.9~6.2×2~2.9 μm，长椭圆形，无色，薄壁，光滑，非淀粉质，不嗜蓝。

生境｜春季至秋季单生于阔叶树倒木和腐木上，造成木材白色腐朽。

讨论｜我国主要分布于南方地区。可以药用。

061 迷宫栓孔菌

Trametes gibbosa（Pers.）Fr.

别名浅囊状栓菌。菌体覆瓦状叠生，革质，具芳香味。菌盖长可达 10 cm，宽可达 15 cm，中部厚可达 2.5 cm，半圆形或扇形；菌盖表面乳白色至浅棕黄色，具明显的同心环纹；边缘锐，黄褐色。孔口每毫米 1~2 个，表面乳白色至草黄色；子实层体基部和边缘孔口为长孔状，多角形；中部褶状，左右可连成波浪状。孔口或菌褶边缘薄，略呈撕裂状。不育边缘不明显。菌肉厚可达 1 cm，乳白色。菌管长可达 15 mm，奶油色或浅乳黄色。担孢子 4~4.9×1.8~2.6 μm，圆柱形，无色，薄壁，光滑，非淀粉质，不嗜蓝。

生境｜夏秋季生于多种阔叶树倒木上，造成木材白色腐朽。

讨论｜我国南北地区均有分布，为常见种类。可药用。有专家认为迷宫栓孔菌与雅致栓孔菌 *Trametes elegans*（Spreng.）Fr. 是同种异名。这有待深入研究。可以药用。

062 毛栓孔菌

Trametes hirsuta（Wulfen）Lloyd

别名毛栓菌。菌体覆瓦状叠生，革质。菌盖长可达 4 cm，宽可达 9 cm，中部厚可达 12 mm，半圆形或扇形；菌盖表面乳色至浅棕黄色，老熟部分常带青苔的青褐色，被硬毛和细微绒毛，具明显的同心环纹和环沟；边缘锐，黄褐色。孔口多角形，每毫米 3~4 个，表面乳白色至灰褐色；边缘薄，全缘。不育边缘不明显，宽可达 1 mm。菌肉厚可达 5 mm，乳白色。菌管长可达 8 mm，奶油色或浅乳黄色。担孢子 4.1~5.6×1.8~2.3 μm，圆柱形，无色，薄壁，光滑，非淀粉质，不嗜蓝。

生境｜春季至秋季生于多种阔叶树倒木、树桩和储木上，造成木材白色腐朽。

讨论｜全国各地均有分布。与云芝 *Trametes versicolor*（L.）Lloyd 相似，但后者菌盖上的颜色常常更有光泽，部分蓝灰色至蓝紫色。药用菌。

063 褐扇栓孔菌

Trametes vernicipes（Berk.）Zmitr., Wasser & Ezhov

别名褐扇小孔菌。菌体木栓质。菌盖长可达 4 cm，宽可达 6 cm，基部厚可达 5 mm，扇形；菌盖表面新鲜时黄褐色至黑褐色，具同心环纹；边缘锐，浅粉黄色，波状。孔口每毫米 7~8 个，多角形，表面新鲜时乳白色，干后淡赭石色；边缘薄，全缘。不育边缘明显，宽可达 2 mm。菌肉厚可达 3 mm，干后淡粉黄色。菌管长可达 1 mm，与孔口表面同色。菌柄侧生，长可达 1 cm，直径达 3 mm，具浅酒红色表皮，光滑。担孢子 5.1~7×2~2.5 μm，短圆柱形，无色，薄壁，光滑，非淀粉质，不嗜蓝。

生境 | 春季至秋季单生或群生于阔叶树倒木上，造成木材白色腐朽。

讨论 | 我国南方地区较为常见。褐扇栓孔菌有时使用褐扇小孔菌 *Microporus vernicipes*（Berk.）Kuntze 的名称。注意与相邻小孔菌 *M. affinis*（Blume & T. Nees）Kuntze 和黄褐小孔菌 *M. xanthopus*（Fr.）Kuntze 的区别。食药性未明。

064 云芝

Trametes versicolor（L.）Lloyd

别名杂色栓孔菌、杂色栓菌。菌体覆瓦状叠生，革质。菌盖长可达 8 cm，宽可达 10 cm，中部厚可达 0.5 cm，半圆形；菌盖表面颜色变化多样，淡黄色至蓝灰色，部分带蓝紫色，有丝质光泽，被密绒毛，具同心环带；边缘锐。孔口每毫米 4~5 个，多角形至近圆形，表面奶油色至烟灰色；边缘薄，撕裂状。不育边缘明显，宽可达 2 mm。菌肉厚可达 2 mm，乳白色。菌管长可达 3 mm，烟灰色至灰褐色。菌柄无。担孢子 4~5.3×1.8~2.2 μm，圆柱形，无色，薄壁，光滑，非淀粉质，不嗜蓝。

生境｜春季至秋季生于多种阔叶树倒木、树桩和储木上，造成木材白色腐朽。

讨论｜全国各地均有分布。著名药用菌。

065 薄皮干酪菌

Tyromyces chioneus（Fr.）P. Karst

菌体肉质至革质。菌盖长可达 5 cm，宽可达 7 cm，基部厚可达 16 mm，扇形；表面新鲜时淡灰褐色至粉褐色，有时带青苔的绿色，有绒毛，有不明显同心环纹；边缘锐，白色。孔口每毫米 4~5 个，表面奶油色至淡褐色；圆形，边缘薄，全缘。不育边缘几乎无。菌肉厚可达 15 mm，新鲜时乳白色。菌管长可达 3 mm，乳黄色至淡黄褐色。菌柄无。担孢子 3.6~4.4×1.3~1.8 μm，圆柱形至腊肠形，无色，薄壁，光滑，非淀粉质，不嗜蓝。

生境｜夏秋季单生于阔叶树落枝上，造成木材白色腐朽。

讨论｜我国南北地区均有分布，虽然菌体较软，但不能食用。药用性未明。

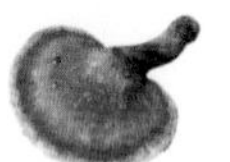

066 裂皮干酪菌

Tyromyces fissilis（Berk. & M. A. Curtis）Donk

别名裂皮深黄孔菌。菌体一年生，无柄，具菌盖，或平伏反卷，单生或覆瓦状叠生，肉质，具甜味，含水量较大，干后木栓质，强烈收缩。菌盖近马蹄形，表面新鲜时乳白色，后期变为浅粉褐色或污褐色，具绒毛，无环带，粗糙，边缘钝，干后显波状，菌盖 4~8 ×10~15 cm，基部厚处可达 4.8 cm。孔口每毫米 1~3 个，多角形或近圆形，表面新鲜时乳白色，触摸后变为浅褐色，干后变为黄褐色，边缘薄，全缘或略呈撕裂状。菌肉新鲜时污白色，干后污褐色，木栓质，无环带，厚处可达 5 mm。菌管干后黄褐色，木栓质或脆质，长可达 40 mm。担孢子 4.3~5×2.3~3.5 μm，椭圆形，无色，薄壁，光滑，非淀粉质，不嗜蓝。

生境 | 夏秋季生于阔叶树上，造成木材白色腐朽。

讨论 | 北京、山东、广东等省市有分布。有药用研究报道，食药性未明。

067 辐射状黄卧孔菌

Xanthoporia radiata（Sowerby）Tura, Zmitr., Wasser, Raats & Nevo

别名辐射状纤孔菌、辐射多孔菌。菌体覆瓦状叠生，木栓质。菌盖长可达 6 cm，宽可达 10 cm，基部厚可达 20 mm，半圆形；菌盖表面初期黄色至浅黄褐色至浅红褐色，后期全变成暗褐色至暗锈褐色，被纤细绒毛至光滑，具明显的环纹；边缘锐，干后内卷。孔口每毫米 4~7 个，多角形，表面初近白色至黄白色或黄褐色，后栗褐色，具折光反应；菌孔边缘薄，撕裂状。不育边缘明显，宽可达 4 mm。菌肉栗褐色，厚可达 10 mm。菌管长可达 11 mm，浅灰褐色。菌柄无。担孢子 3.8~5×2.6~3.5 μm，椭圆形，浅黄色，壁略厚，光滑，非淀粉质，嗜蓝。

生境｜秋季生于阔叶树活立木或倒木上，造成木材白色腐朽。

讨论｜我国分布较广。菌体颜色变化较大，老后整个菌体变为暗锈褐色。食药性未明。

鸡油菌

068 淡蜡黄鸡油菌

Cantharellus cerinoalbus Eyssart. & Walleyn

菌盖直径 20~50 mm，初期近半球形至凸镜形，成熟后近平展至中部凹陷，边缘不规则波状，有时开裂；表面干燥，易碎，光滑或具极细微绒毛，幼时明显淡橄榄绿色，后泛淡黄的污橄榄绿色或泛暗黄的污青色，成熟时深黄色。菌褶盖缘处每厘米 5~6 片，黄白色或橙白色，有时深黄色，略厚，在鸡油菌属中较为发达，长延生，没有或很少分叉及横脉，有时从菌柄顶端处松散脱落。菌柄长 30~50 mm，粗 5~10 mm，圆柱形，干燥，光滑，蜡白色或污白色至带橙黄白色或带泛黄淡橄榄绿色，有时与菌盖同色。菌肉近柄处较厚，边缘变薄，脆肉质，幼时略带淡绿色，后白色，伤不变色至稍带淡灰色；味道鲜甜，有杏仁气味，与其他鸡油菌气味类似。担孢子 7.5~10（~10.5）×5~6.5（~7）μm，椭圆形至近肾形，光滑，显微镜下淡黄色。担子 48~74 ×9~11 μm，4~5（~6）孢子，棒状。

生境｜夏秋季群生于阔叶林中地上。

讨论｜淡蜡黄鸡油菌最近在湖南及广东等地有发现，带橄榄绿色是其野外识别特征，通常颜色没有车八岭标本的那么黄。它与鸡油菌 *C. cibarius* Fr.、角质鸡油菌 *C. cuticulatus* Corner 和宽褶鸡油菌 *C. platyphyllus* Heinem. 有相似之处，但鸡油菌和角质鸡油菌菌体赭黄色、橙黄色至蛋黄色，缺乏淡绿色或淡黄绿色色调；而宽褶鸡油菌的菌盖红色至橙红色，且仅见报道于热带非洲地区。可以食用。

伞菌

069 昆明蘑菇

Agaricus kunmingensis R. L. Zhao

菌盖直径 3~5 cm，近圆形、钟形至近脐突起处展开，顶部平坦，具鳞片，表面干燥，棕色至淡棕色，或白底带红棕色，边缘色较淡，肉质，边缘整齐至多内卷。菌肉近柄处厚 3~6 mm，白色，伤不变色，气味宜人。菌褶密集，宽 3~6 mm，浅棕色、棕色至深棕色。菌柄长 9~12 cm，近柄顶粗 5~9 mm，基部粗 9~13 mm，中生，棍棒形，成熟时红棕色、棕色至深棕色，中空，平滑无附属物至被白色绒毛，纤维质。菌环直径 9~12 mm，薄膜状，上位，活动，白色或浅棕色，表面光滑或具白色絮状层。担子 16~25×6~8 μm，棍棒形，透明，光滑，具有 4 个孢子。担孢子 4.5~6×2.6~3.5 μm，椭圆形，光滑，棕色，薄壁，非淀粉质，无胚芽孔。

生境｜散生于阔叶林地上。

讨论｜目前已知昆明蘑菇可分布于云南和广东等南方地区。毒性未明。

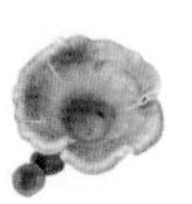

070 尖顶绢白粉褶蕈

Alboleptonia stylophora（Berk. & Broome）Pegler

菌盖直径 0.7~1.4 cm，初圆锥形或凸镜形，后平突或近凸镜形带尖突，顶端具明显尖突或乳突，白色、黄白色或白色略带灰色至带微粉红色，具丝光纤毛。菌肉薄，白色。菌褶直生，较稀至稍密，薄，宽达 2 mm，具 2 行小菌褶，初白色，后变粉红色。菌柄长 3~4 cm，直径 1~2 mm，中空，白色或带奶油色，光滑或具细绒毛，基部具白色菌丝体。担孢子 9.5~11×7.5~9 μm，5~7 角，异径，淡粉红色。

生境｜散生于阔叶林中地上。

讨论｜我国南方地区有分布，其白色的菌体及明显的尖突特征较显著。有时又称尖顶粉褶蕈 *Entoloma stylophorum*（Berk. & Broome）Sacc.。毒性未明。

071　窄褶灰鹅膏

Amanita angustilamellata（Höhn.）Boedijn

菌盖直径 4~7 cm，平展，灰褐色，光滑无菌幕残余；盖缘有显著条纹或浅沟纹。菌肉白色。菌柄长 8~12 cm，直径 0.5~1.5 cm，近圆柱形，污白色、浅灰色至浅褐色，近光滑至被细小的丝状鳞片，中空，无球状体，菌托白色，袋形或杯形，相当明显，担子 46~66×12~17 μm，棒状。担孢子 9.2~11×8.5~11 μm，球形至近球形，非淀粉质，无色，光滑。

生境｜夏秋季生于热带、亚热带具壳斗科植物的常绿阔叶林中地上。

讨论｜我国南方地区有报道。其暗褶的菌盖及显著的白色菌托可作野外识别的特征。毒性未明，不宜食用。

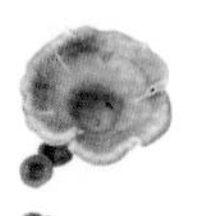

072 灰褐黄鹅膏

Amanita battarrae（Boud.）Bon

菌盖直径 5~10 cm，初期近半球形，后期扁平或平展，中部稍突，表面光滑，浅土色、淡褐色至浅橙黄色，中部色深，边缘有时上翘有细条棱。菌肉白色或带淡黄色，顶部稍厚。菌褶稍密，离生，带浅黄色，不等长。菌柄比较细长，长 9~15 cm，粗 0.8~15 cm，圆柱形，向上渐细，表面同盖色有纤毛状鳞片，内部白色松软至空心。菌托苞状或袋状白色，有的破碎后附着在表面。孢子印白色。孢子 11~12.5×9~10 μm，近球形，光滑，无色，非糊性反应。

生境｜夏末至秋季单生或散生于混交林中地上或阔叶林中地上。

讨论｜我国主要分布于南方地区。毒性未明，不宜食用。

伞菌

073 格纹鹅膏

Amanita fritillaria Sacc.

菌盖直径 4~10 cm，浅灰色、褐灰色至浅褐色，具辐射状纤丝状条纹，具深灰色至近黑色鳞片，菌盖张开时外菌膜常开裂成小斑块附在菌盖表面。菌柄长 5~10 cm，中部直径 0.6~1.5 cm，白色至污白色，被灰色至褐色鳞片；基部膨大呈近球状，有时向地下收细成陀螺形至梭形，直径 1~2.5 cm，其上半部被有深灰色、鼻烟色至近黑色鳞片。菌环上位。担子 32~40×8~10 μm，棒状。担孢子 7~9×5.5~7.5 μm，宽椭圆形至椭圆形，光滑，无色，淀粉质。

生境｜夏秋季散生或群生于针叶林、阔叶林中地上。

讨论｜我国南方地区比较常见。外菌膜常裂成黑褐色小斑块附在菌盖表面，这一特征较为明显，有助识别。有毒。

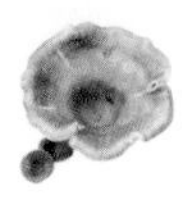

074 灰花纹鹅膏

Amanita fuliginea Hongo

别名暗黑鹅膏。菌盖直径 3~6 cm，幼时半球形，成熟时凸镜形至扁平，深灰色、烟褐色、暗褐色至近黑色，中部色较深，具深色纤丝状隐花纹或斑纹，光滑或偶有白色外菌幕残片；边缘平滑，无沟纹。菌肉白色，伤不变色，较薄。菌褶离生，白色，较密，短菌褶近菌柄端渐变狭。菌柄长 8~12 cm，直径 0.5~2 cm，圆柱形或向上稍变细，近白色至浅灰色，常有浅褐色细小鳞片；基部近球形，直径 1~3 cm。菌托浅杯状，白色至污白色；菌环顶生至近顶生，上表面白色，下表面灰色至灰白色，膜质。担子 30~40×10~13 μm，棒状，具 4 小梗。担孢子 7.5~10.5×6.5~9.8 μm，球形至近球形，稀宽椭圆形，无色，光滑，淀粉质，薄壁。

生境｜夏秋季生于壳斗科与松科植物组成的针阔混交林中地上或阔叶林中地上。

讨论｜我国主要分布于湖南、广东、四川、云南等南方地区。剧毒。

075 隐花青鹅膏

Amanita manginiana Har. & Pat.

菌盖直径 5~15 cm，半球形至近平展形，灰色、深灰色至褐色，具深色纤丝状辐射花纹或条纹，边缘常悬挂有白色菌环残片。菌肉白色，伤不变色。菌褶离生，较密，不等长，白色。菌柄长 8~15 cm，直径 0.5~3 cm，白色，常被白色纤毛状至粉末状鳞片；基部腹鼓状至棒状。菌托发达，但常大部分埋于地下，浅杯状，白色至污白色。菌环顶生至近顶生，膜质，易碎，白色，易脱落。担孢子 6~8×5~7 μm，近球形至宽椭圆形，光滑，无色，淀粉质。

生境｜夏秋季散生于针叶林或阔叶林中地上。

讨论｜江苏、福建、四川、云南、广东、贵州等地有分布。有人食用，但易与有毒甚至剧毒种类混淆，建议不要采食。

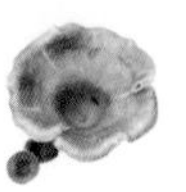

076 欧氏鹅膏

Amanita oberwinklerana Zhu L. Yang & Yoshim. Doi

菌盖直径 3~9 cm，初半球形，渐平展，成熟后边缘常翻起，白色至有时米黄色，光滑，或具 1~3 大片白色、膜质菌幕残余，湿时稍黏。菌盖边缘平滑。菌肉白色，伤不变色。菌褶离生，白色，老时乳白色至浅黄色，稠密，短菌褶近菌柄端渐窄。菌柄长 5~8 cm，直径 0.5~1.6 cm，近圆柱形或向上稍变细，白色，光滑或被白色纤毛状小鳞片，内部实心至松软，白色，基部近球形，直径 1~2 cm。 菌托浅杯状，白色。菌环上位，白色，膜质，表面有辐射状细沟纹。担子 30~55×9~14 μm，棒状，多具 4 小梗。担孢子 7.6 ~ 11.5×5.8~9.6 μm，椭圆形至宽椭圆形或长椭圆形，淀粉质，无色，光滑，薄壁。

生境｜长于壳斗科等植物林中地上。

讨论｜湖南、广东、四川、云南等地有分布。南方常见毒蘑菇，“白毒伞”种类之一。毒性较强，能引起肾衰竭。

伞菌

077 东方褐盖鹅膏

Amanita orientifulva Zhu L. Yang, M. Weiss & Oberw.

菌盖直径 5~15 cm，平展或略为平展，深褐色或灰红褐色，中部颜色较暗或较深，常有暗褐色外菌膜残余，边缘有明显的沟纹或裂纹。菌肉白色，伤不变色。菌褶离生，稍稀至稍密，不等长，白色。菌柄长 8~13 cm，直径 0.5~3 cm，污白色至浅褐色，密被红褐色至灰褐色鳞片。菌环无。菌托高 4~6 cm，直径 1.5~5 cm，袋状，白色，常有灰红褐色至锈色斑。担孢子 9~14× 9.5~13 μm，球形至近球形，光滑，无色，非淀粉质。

生境｜夏秋季生于针叶林、针阔混交林或阔叶林中地上。

讨论｜我国南北地区有分布。毒性未明，不宜食用。

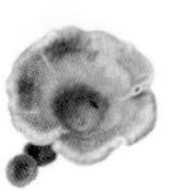

078 卵孢鹅膏

Amanita ovalispora Boedijn

菌盖直径 3~6 cm，幼时钟形，渐平展后中央突起，表面光滑，暗灰色至灰褐色，中部暗灰色；边缘有明显条棱或沟纹，颜色较浅。菌肉白色，较薄。菌褶污白色，密，离生，不等长。菌柄长 6~9 cm，粗 0.8~1 cm，细长，带灰色至与菌盖颜色接近，有深色纤毛形成的花纹，基部色深近灰白色，内部松软至空心。无菌环，菌托苞状或袋状，白色。孢子印白色。孢子 13.8~15.5×12.7~15 μm，球形至近球形，光滑，无色，非糊性反应。

生境｜夏秋季单生于阔叶林中地上。

讨论｜我国南方地区较常见，但过去不少的标本被误定为原描述于欧洲的灰托鹅膏 *Amanita vaginata*（Bull. ex Fr.）Lam.。食毒未明，不宜食用。

079 小豹斑鹅膏

Amanita parvipantherina Zhu L. Yang, M. Weiss & Oberw.

菌盖直径 6~15 cm，半球形至平展；初期土黄色至深灰褐色，后期颜色渐深；中央具灰黑色粉质颗粒；边缘具条纹。菌肉薄，白色，伤不变色。菌褶白色或浅灰色，较密，离生，不等长。菌柄长 12~19 cm，直径 1~2 cm，圆柱形，基部稍膨大，上部白色，下部淡灰色，具白色绒毛状鳞片。菌托在膨大的基部上由 2~3 圈粉质环带组成。担孢子 11~13.5×10~13.5 μm，近球形，光滑，无色。

生境｜夏秋季单生或散生于林中地上或阔叶林中地上。

讨论｜我国主要分布于南方地区。记载认为有毒。

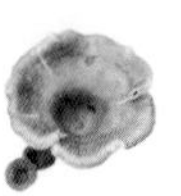

080 假灰托鹅膏

Amanita pseudovaginata Hongo

菌盖直径 3~6 cm，扁半球形、凸镜形至平展，常中部稍凹而最中央稍突起，灰色、浅灰色至灰褐色，边缘色浅，有时全菌盖灰白色至近白色，光滑或有浅灰色至污白色的菌幕残片；边缘有长棱纹。菌肉白色。菌褶离生，白色，干后有时浅灰色，不等长。菌柄长 5~12 cm，直径 0.5~1.5 cm，近圆柱形，向上稍变细，近白色至灰白色，近光滑，空心，基部不膨大。菌托高 1.5~2 cm，直径 1~2.5 cm，袋状至杯状，膜质，易碎，白色至灰白色，有时浅灰色，常有黄褐色斑；内表面浅灰色至近白色。菌环无。担孢子 9~12.5 ×8~10.5 μm，近球形至宽椭圆形，光滑，无色，非淀粉质。

生境｜夏秋季生于云南松林、马尾松林或马尾松与栎树等组成的针阔混交林中地上。

讨论｜我国主要分布于黄河以南地区，较常见的种类。有人食用，但鹅膏属有毒种类众多，易混淆，不要随意采食。

伞菌

081 土红鹅膏

Amanita rufoferruginea Hongo

菌盖直径 4~7 cm，黄褐色至橙褐色，被土红色、橙红褐色至皮革褐色的菌幕残余。菌肉白色，伤不变色。菌褶白色。菌柄长 7~10 cm，直径 0.5~1 cm，密被土红色、锈红色粉末或粉末状鳞片，菌柄基部膨大，直径 1.5~2 cm；上半部被絮状至粉状菌幕残余。菌环上位，易碎。担孢子 7~9×6.5~8.5 μm，近球形，光滑，无色，非淀粉质。

生境｜夏秋季散生于针阔混交林中地上。

讨论｜我国主要分布于南方地区。有毒！

082 杵柄鹅膏

Amanita sinocitrina Zhu L. Yang, Zuo H. Chen & Z. G. Zhang

菌盖直径 4~8cm，初扁平球形，后扁平至平展，中央有时突起，表面灰黄色、浅褐色至茶褐色，有菌幕残片；中部深暗褐色，边缘较浅色至近白色，无沟纹。菌褶离生，白色至米色。菌肉白色，较厚。菌柄长 6~10 cm，粗 0.5~1.5 cm。白色至污白色，菌环上位或中上位，白色至淡黄色。菌托膨大近球形，上端有低矮的托檐，白色至肉褐色或淡灰色。孢子印白色。担子 22~36×8~11 μm，棒状。担孢子 5~7.6 ×5~7 μm，球形至近球形，无色。

生境｜夏秋季生于混交林中地上。

讨论｜我国主要分布于南方地区，陕西也有报道。有毒！

083 残托鹅膏有环变型

Amanita sychnopyramis f. *subannulata* Hongo

菌盖直径 3~8 cm，凸镜形至平展，浅褐色至深褐色，盖缘颜色较浅且具明显的条纹或棱纹，有鳞片；菌盖中部鳞片较明显，鳞片角锥状至圆锥状，白色至浅灰色，基部色较深。菌肉白色，伤不变色。菌褶离生，不等长，白色。菌柄长 5~11 cm，直径 0.7~1.5 cm，圆柱形，近白色至淡褐色。基部膨大，呈近球状至腹鼓状，上半部被疣状、小颗粒状至粉末状的菌托。菌环中下位至中位。担孢子 6.5~8.5×6~8 μm，球形至近球形，光滑，无色，非淀粉质。

生境｜夏秋季生于阔叶林或针阔混交林中地上。

讨论｜我国主要分布于南方地区。有毒！

084 绒毡鹅膏

Amanita vestita Corner & Bas

菌盖直径 3~5 cm，初凸镜形，后平展，无沟纹，密被黄褐色、浅褐色至暗褐色绒状、絮状至毡状的附属物，中部有易脱落的疣状鳞片；盖缘常附白色絮状附属物。菌肉白色，伤不变色。菌褶离生至近离生，白色。菌柄近长 4~6 cm，直径 0.5~1 cm，圆柱形，稍向下增粗，或白色至灰色，被近白色至浅灰色纤丝状至絮状附属物；内部实心，白色；基部膨大至近梭形，直径 1~2 cm，常有短假根。菌环上位，易破碎脱落。担孢子 7~10.5×5~7 μm，椭圆形，光滑，无色，淀粉质。

生境｜夏秋季单生至散生于热带及南亚热带林中地上。

讨论｜我国分布于华南地区。其菌盖及菌柄被相当特别的绒状、絮状至毡状的附属物和鳞片，可作重要的野外识别特征。毒性未明，可能有毒，不宜食用。

085 褐红炭褶菌

Anthracophyllum nigritum（Lév.）Kalchbr

菌盖长 0.5~3.8 cm，宽 0.4~3 cm，近肾形、半圆形、扇形或近椭圆形，具有放射状沟纹，近肉褐色至茶褐色或红茶褐色；边缘有时浅色。菌肉薄，较韧，近褐色至带淡黄绿色。菌褶稀疏，狭窄，从着生基部呈辐射状排列生出，共有 9~13 片完全菌褶及部分不完全菌褶，与菌盖同色至带灰色、灰褐色至暗褐色，个别有分叉。菌柄缺或不明显，侧面着生。担孢子 6.5~9.5 ×3.2~5 μm，椭圆形至近椭圆形，近无色至淡褐色。

生境｜夏秋季群生于阔叶树的枯枝上。

讨论｜我国分布于南方地区。食毒未明，不宜食用。

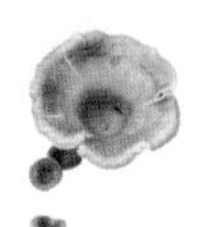

086 近杯状斜盖伞

Clitopilus subscyphoides W. Q. Deng, Y. H. Shen & T. H. Li

菌体小型，漏斗状。菌盖直径 7~10 mm，中凹形至杯形，白色，不黏，光滑或有不明显纤毛；盖缘内卷，无条纹。菌肉薄，白色。菌褶密，每菌盖约有 60 片完全菌褶，宽约 1 mm，白色至粉红色，延生。菌柄长 10~14 mm，顶部直径 1.4~1.6 mm，中生或近中生，圆柱形，稍弯曲，白色，有纵条纹，实心。担子 18~36×7~9 μm，棒状，2~4 孢。盖皮层菌丝直径 2~4 μm，无锁状联合。担孢子 5~7.5 ×3.9~5 μm（包括小尖突），具 8~9 条纵向棱，椭圆形至宽椭圆形，甚至近种子形至近梭形，小尖突一端较尖，另一端较圆，淡粉红色。

生境｜夏秋季生于林中地上，常长于林中山路高于路面一侧的土坡面。

讨论｜我国分布于华南地区。近杯状斜盖伞个体比稍常见的皱波斜盖伞（皱纹斜盖伞）*Clitopilus crispus* Pat. 更加细小，菌盖边缘没皱纹，孢子形态也有不同，可作区别。毒性未明，且个体很小，不要食用。

087 白小鬼伞

Coprinellus disseminatus（Pers.）J. E. Lange

别名白假鬼伞。菌盖直径 5~9 mm，初期卵形至钟形，后期平展，甚为脆弱，灰白色、淡灰色、淡褐色至黄褐色，被白色至褐色颗粒状至絮状鳞片，边缘具长条纹。菌肉近白色，薄。菌褶初期白色，后转为褐色至近黑色，成熟时不自溶或仅缓慢自溶。菌柄长 2~4 cm，直径 1~2 mm，白色至灰白色，甚脆。担孢子 6.5~9.5×4~6 μm，椭圆形至卵形，光滑，淡灰褐色，顶端具芽孔。

生境｜夏秋季生于路边、林中的腐木上或草地上。

讨论｜全国各地均有分布，是最常见的种类之一，有时成密集一大群，个体细小。毒性未明，不宜食用。

088　辐毛小鬼伞

Coprinellus radians（Desm.）Vilgalys

别名辐毛鬼伞。菌盖幼时直径 0.2~0.5 cm，高 0.2~1 cm，成熟时直径达 0.5~2.6 cm；初期球形至卵圆形，后渐展开且盖缘上卷，具有白色的毛状鳞片，中部呈赭褐色、橄榄灰色；边缘白色，具小鳞片及条纹，老时开裂，菌肉薄，初期灰褐色。菌褶弯生至离生，幼时白色，后渐变黑色，稀，不等长，褶缘平滑。菌柄长 2~6.5 cm，直径 1~4 mm，圆柱形，向下渐粗，脆且易碎，空心。菌柄基部至基物表面上常有牛毛状菌丝覆盖。担孢子 10~12×6~7.3 μm，椭圆形，表面光滑，灰褐色至暗棕褐色，具有明显的芽孔。

生境｜春季至秋季生于树桩及倒腐木上。

讨论｜我国南北地区均有报道，但多见于南方地区。药用菌。

089 亚凤仙鬼伞

Coprinellus subimpatiens（M. Lange & A. H. Sm.）Redhead, Vilgalys & Moncalvo

菌盖直径 1~5 cm，钟形至圆锥状钟形，黄褐色，边缘淡褐带紫色，干，肉质，上被绒毛；边缘到中央有深沟纹，撕裂。菌肉近柄处厚 0.5~2 mm，近边缘处消失，紫白色，无味道和气味。菌褶盖缘处每厘米 16~18 片，淡黑色，不等长，有分叉，弯生。菌柄中生至偏生，圆柱形，长 1.5~7 cm，粗 2~5 mm，柄基略膨大，白色，上有绒毛和条纹，肉质，空心。担孢子 9~14×5~6.3 μm，椭圆形，光滑，有平截的芽孔，灰褐色至茶褐色，非淀粉质。

生境｜群生于阔叶林中地上。

讨论｜我国华南地区有分布。毒性未明，不宜食用。

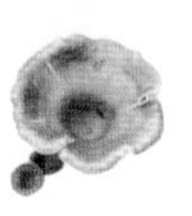

090　白绒鬼伞

Coprinopsis lagopus（Fr.）Redhead, Vilgalys & Moncalvo

菌盖直径 2.5~4 cm，初期圆锥形至钟形，后渐平展，薄，初期有白色绒毛，后渐脱落，变为灰色，并有放射状棱纹达菌盖顶部，边缘最后反卷。菌肉白色，膜质。菌褶离生，白色、灰白色至黑色，狭窄，不等长。菌柄细长，长可达 10 cm，粗 0.3~0. 5 cm，白色，质脆，有易脱落的白色绒毛状鳞片，中空。担孢子 9~12×6~9 μm，椭圆形，灰褐色至黑色，光滑。

生境｜生于腐殖质丰富的林中地上。

讨论｜我国南北地区都有分布，是一个较常见的种。其特别纤弱的菌体与菌盖辐射状条纹特征较为明显。药用菌。

伞菌

091 伪异丝膜菌（参照种）

Cortinarius cf. *nothoanomalus* M. M. Moser & E. Horak

菌盖直径 1.3~3 cm，初期钟形，后平展，中央略突，不黏，紫罗兰色至紫色，上有绒毛，肉质；边缘整齐至撕裂。菌肉薄，紫色，无味道，有菇气味。菌褶盖缘处每厘米 15~22 片，不等长，与菌盖同色，直生至短延生，褶缘锯齿状。菌柄长 4~5.5 cm，粗 2~5 mm，中生，棒形，粗细均匀或柄基略膨大，浅紫至浅紫罗兰色，上有条纹和锈褐色绒毛，肉质至纤维质，空心。担子 22~28×6~7 μm，棒形，无色。担孢子 6~7×5~6 μm，广椭圆形至卵圆形，近光滑至粗糙有小刺，锈褐色，遇 Melzer 氏液变红褐色。

生境｜单生至散生于阔叶林中地上。

讨论｜丝膜菌属种类十分繁多，车八岭的标本与伪异丝膜菌特征基本相符，但是否完全一致，仍有待深入研究，暂作参照种处理。毒性未明。丝膜菌有不少种类有毒，不要食用。

092 平盖靴耳

Crepidotus applanatus（Pers.）P. Kumm.

菌盖宽 1~4 cm，扇形、近半圆形或肾形，扁平，表面光滑，湿时水浸状，白色或黄白色，有茶褐色担孢子粉，后变至带褐色或浅土黄色，干时白色、黄白色或带浅粉黄色，盖缘湿时具条纹，薄，内卷，基部有白色软毛。菌肉薄，白色至污白色，柔软。菌褶从基部放射状生出，延生，较密，不等长，初期白色，后变至浅褐色或肉桂色。菌柄无或具短柄。担孢子 4.5~7×4.5~7 μm，宽椭圆形、球形至近球形，密生细小刺，或有麻点或小刺疣，淡褐色或锈色。

生境｜夏秋季群生、叠生或近覆瓦状生于阔叶树腐木或倒伏的阔叶树腐木上。

讨论｜我国南北地区均有分布，常见种类。虽未见中毒案例，但个体细小，毒性未明，不宜食用。

093 美鳞靴耳

Crepidotus calolepis（Fr.）P. Karst.

菌盖直宽 16~55 mm，半圆形、肾形、球形或扇形，初期钟形，后凸镜形至平展，无柄，具有暗褐色或苍白色浓密绒毛。菌褶稍密，较窄，幅宽达 2.8 mm，凹生或狭附生，浅黄色，淡赭色至肉桂色。菌柄幼时可见，初中生后偏生至消失退化。菌肉有弹性，奶油色至橄榄黄色。担子 21~36×6~9.5 μm，粗棒状。担孢子 7.5~9 ×1~6.5 μm，椭圆形至近球形，光滑，无色至淡褐色。

生境｜夏秋季生于阔叶树腐木上。

讨论｜我国南北地区均有分布，多见于北方地区报道。美鳞靴耳的暗褐色或苍白色浓密绒毛是区别常见白色的靴耳种类的识别特征。不宜食用。

094　黏靴耳

Crepidotus mollis（Schaeff.）Staude

别名软靴耳。菌盖宽 1~6 cm，半圆形、扇形、贝壳形，或初期钟形，后期凸镜形至平展，水浸后半透明，黏，干后全部纯白色至灰白色或黄褐色至褐色，稍带黄土色，有绒毛和灰白色粉末，易脱落至光滑。菌柄无或不明显。菌肉薄，近白色。菌褶延生至离生，稍密，从盖至基部辐射而出，不等长；初白色，后变为褐色、深肉桂色或淡锈色。担孢子 7.5~10.5×5~6.5 μm，椭圆形或卵圆形，光滑，淡锈色。

生境｜夏秋季叠生或群生于枯腐木上。

讨论｜我国南北地区均有分布，十分常见。个体细小，毒性未明，不宜食用。

095 丛毛毛皮伞

Crinipellis floccosa T. H. Li, Y. W. Xia & W. Q. Deng

菌盖直径 10~20 mm，初期钟形，后期为半球形或平展形，中部形成脐突，具明显环纹，具较暗色的丛毛及丛生状鳞片，暗褐色至红褐色或灰褐色，中部较暗，近菌盖边缘处较浅色，鳞片下底色为近白色。菌褶稍密，每菌盖具完全菌褶 42~46 片，两完全菌褶之间具（0~）1 片小菌褶，褶宽 1.5~2.5 mm，离生，白色至奶油白色，边缘锯齿状。菌柄 25~30×1~2 mm，圆柱形，等粗，有绒毛或软毛，淡灰白色或紫褐色，具灰褐色至褐色鳞片，空心。孢子印纯白色。担孢子 5.5~8×4~5 μm，椭球形至宽椭球形，透明，光滑，薄壁，非淀粉质。担子 25~30×4~6 μm，棒形至窄棒形，具有 4 个孢子。缘生囊状体 35~50×6~11 μm。菌盖毛达 1 000×3~5.5 μm，菌柄毛达 500 ×5~10 μm，厚壁，淡褐色，类糊精质。

生境｜单生至丛生于阔叶树木的枯枝或树干上。

讨论｜目前仅在江西、广东两省有发现。车八岭是模式产地之一。毒性未明，不宜食用。

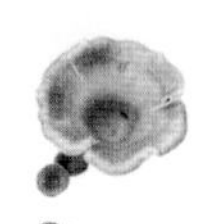

096 马来毛皮伞

Crinipellis malesiana Kerekes, Desjardin & Vikinesw.

菌盖直径 3~12 mm，半球形至凸镜形，边缘内卷，具乳头状突起至带有浅显脐突的凸形至平凸形，具有条纹槽、纤毛状粗毛；幼时褐色变至暗褐色，老后中部仍然暗褐色，四周颜色较浅，为浅灰橙色、淡灰白色至奶油色。菌肉薄，菌褶白色至淡黄白色，附生至贴生，密集。菌柄 5~23×1~2 mm，中生，圆柱状，基部略变粗，粗糙，具有纤毛状粗糙硬毛，直插，与菌盖同色或稍淡。担孢子 8~13×4~6.5 μm，豆形或肾形，光滑，透明，非淀粉质。外皮层的毛圆柱形，厚壁，淡褐色，类糊精质，菌盖毛达 180~600×2.5~6 μm，菌柄毛达 500×5~10 μm。

生境｜散生于林中的树枝上。

讨论｜我国仅在广东有发现。与毛皮伞 *C. scabella* 相似，但孢子较大，菌盖四周颜色较浅，菌柄也常较短。不宜食用。

097 毛皮伞

Crinipellis scabella（Alb. & Schwein.）Murrill

别名柄毛皮伞、粗糙毛皮伞。菌盖直径 0.3~1.5 cm，初期凸镜形，后期渐变为半球形，表面具放射状褐色至红褐色的纤毛，向中心颜色渐深。菌肉白色，伤不变色。菌褶离生至直生，稀疏，不等长，白色，边缘平整。菌柄长 0.5~3 cm，直径 1~1.5 mm，圆柱形，棕褐色，表面有纤细绒毛。担孢子 8.5~9.5×4.5~6 μm，宽椭圆形至长圆形，光滑，无色，非淀粉质。菌柄绒毛达 500 ×5~15 μm，薄壁，褐色。

生境 | 夏秋季簇生或散生于阔叶树腐木上。

讨论 | 我国南北地区均有报道，是植物病原菌。与马来毛皮伞 *C. malesiana* 的区别见前一页的讨论。不宜食用。

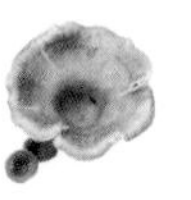

098 大孢粉褶蕈

Entoloma amplisporum Corner & E. Horak

菌盖直径 2~3 cm，平展，中部脐凹或稍为脐凹，浅褐色，光滑，边缘有明显的沟纹。菌褶狭附生，不等长，粉色至近浅粉红色。菌柄长 3.5~5 cm，粗5~12 mm，圆柱状，白色，光滑，脆，中空。担子9~13×3~4 μm，短棒状，含有 2 个孢子或 4 个孢子。担孢子 11~13 ×8.8~11 μm，多角形。缘生囊状体棒状，分隔，25~53 ×11~17 μm。菌盖与菌柄皮层表面菌丝平伏。

生境｜林中地上。

讨论｜我国仅广东有报道。食毒未明。

099 近江粉褶蕈

Entoloma omiense（Hongo）E. Horak

菌盖直径 3~4 cm，初圆锥形，后斗笠形至近钟形，中部无明显突起，浅灰褐色至浅黄褐色，具明显条纹，表面光滑，边缘整齐。菌褶较密，薄，宽达 5~7 mm，具 2~3 行小菌褶，直生，初白色，成熟后粉红色；褶缘整齐，与褶面同色。菌柄中生，长 5~14 cm，直径 3~4（~6）mm，圆柱形，等粗或基部略粗，中空，与盖同色，光滑，具纵条纹，基部具白色菌丝。菌肉白色，薄，气味和味道不明显。担孢子 9.5~12. 5 ×9~11.5 µm，等径至近等径，五至六角，多五角，角度明显。担子 25~50×12~13 µm，棒状，基部未观察到锁状联合。褶缘不育。缘生囊状体 60~110×15~30 µm，棒状，近纺锤形或近梭形，较多。侧生囊状体 65~100×15~28 µm，同缘生囊状体，较少但明显，多无色，有时具浅黄褐色胞内色素。菌盖皮层菌丝近平伏排列，菌丝圆柱形，直径 7~15 µm，无色，无锁状联合。

生境｜单生或散生于地上。

讨论｜我国主要分布于南方地区。有毒！

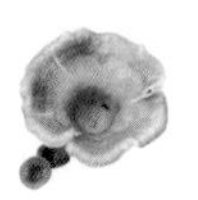

100　织纹盔孢伞

Galerina vittiformis（Fr.）Singer

别名沟条盔孢伞。菌盖直径 4~8 cm，圆锥形至钟形或凸镜形，中部略突起，橙黄色、蜜黄褐色、橙褐色、黄褐色至茶褐色，中部有时非水渍状且较浅色，光滑，从盖面近中心处向四周具有放射性条纹或沟纹，条纹处颜色较暗，常水渍状暗褐色。菌肉薄，伤不变色，气味不明显。菌褶直生，稍稀，赭黄色至与菌盖同色或稍浅色，有小菌褶。菌柄长 20~35 mm，直径 0.6~1 mm，圆柱形，蜜黄色至与菌盖同色，常比菌盖颜色稍浅，被微小的纤毛，下部较暗，空心，脆。担孢子 9~13×6~7 μm，长近杏仁形、长椭圆形至近梭形，脐上区光滑，锈褐色至橙褐色，类糊精质。

生境｜散生于针阔混交林内苔藓层上或苔藓覆盖的腐木上。

讨论｜织纹盔孢伞可在北温带甚至寒带生长，虽然车八岭的标本与之形态特征一致，但是否完全一样有待深入研究。织纹盔孢伞在我国北方常有报道，与苔藓盔孢伞 *G. hypnorum*（Schrank）Kühner 相似，但是后者有发育不完全的菌幕，担孢子也略有差异。可能有毒。许多盔孢伞属的种类都有毒。如苔藓盔孢伞是剧毒种类，含有鹅膏肽类毒素，能引起急性肝损害而导致死亡。

101 陀螺老伞（参照种）

Gerronema cf. *strombodes*（Berk. & Mont.）Singer

菌盖直径 2~5 cm，平展凸镜形，中部略凹陷，粉灰褐色至橙灰褐色、黄褐色至茶褐色，有灰褐色平伏纤毛及辐射条纹，稍黏，边缘老时波状。菌肉薄，近白色至淡褐色，伤不变色，气味不明显。菌褶延生，稍稀至稍密，近白色，小菌褶较多。菌柄长 20~50 cm，直径 2~4 mm，圆柱形，等粗或向下增粗，淡灰白色至微褐白色，常向基部变深色或近菌盖颜色，被微小绒毛，下部较暗，空心，脆。担孢子 7.5~9.8×5.5~7 μm，椭圆形，光滑，非淀粉质。

生境｜散生于林内腐木上。

讨论｜车八岭的标本与陀螺老伞比较相似，但前者个体较大，孢子较小，菌褶非白色。暂作参照种处理。标本又与黄褶老伞 *G. xanthopyllum*（Bres.）Norvell, Redhead & Ammirati 相似，但菌褶颜色等有一些差异。毒性未明。

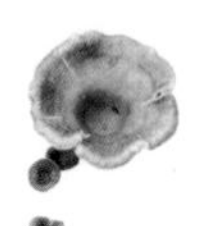

102 中华格氏蘑（暂定名）

Gerhardtia sp.

菌盖直径 32~56 mm，初期凸镜形，后渐平展形，成熟后中间凹陷，边缘内卷至上弯，有时有裂痕，潮湿环境下菌盖表面水浸状。菌盖中央黄白色至浅黄色，边缘雪白色，缎白色至浅黄白色，干燥，无毛，或有细微的条纹。菌肉近柄处厚 2.5~4.5 mm，白色至黄白色，伤不变色。菌褶贴生，宽 4~7 mm，每个菌盖有 24~32 片完全菌褶，两片完全菌褶中有 4~8 片小菌褶，与菌盖同色，有时浅黄白色，偶有分叉。菌柄长 20~60 mm，直径 5~12 mm，中生，圆柱状至近圆柱状，弯曲，白色至奶白色或浅黄白色，光滑或有细微绒毛，中空，菌柄菌肉与菌盖同色，伤不变色。无特殊气味。担子长 26~32 μm，直径 5~7 μm，窄棍棒状至圆柱状，薄壁，透明，4 孢，小梗长 2~3 μm。担孢子 3.9~5.4 ×2.3~3.3 μm，椭球状至长椭球状，内含不透明颗粒，非淀粉质，薄壁，粗糙，细尖不明显。

生境 | 7—9 月散生于阔叶林或针阔混交林的地上。

讨论 | 目前在我国华南地区有发现。食毒未明。

103 橙褐裸伞

Gymnopilus aurantiobrunneus Z. S. Bi

菌盖直径 2~7.5 cm，扁半球形、凸镜形至平展形，浅黄色至黄褐色或锈褐色至紫褐色，常不均匀且带紫褐色至带红褐色，不黏，被绒毛至纤毛状鳞片。菌肉近柄处厚 1~5 mm，白色、淡黄色、黄色至与菌盖同色，伤不变色，多少水渍状，无味，无气味。菌褶黄褐色或锈褐色，短延生到略弯生，不等长，盖缘处每厘米 25~30 片。菌柄长 1~4 cm，直径 3~9 mm，圆柱形，中生至偏生，与菌盖颜色接近或带紫褐色，有鳞片或纤毛，纤维质。担子 20~23×5~6 μm。担孢子 4.7~6.5 ×3.7~4.2 μm，椭圆形，具细小疣，无芽孔，锈褐色。

生境｜夏秋季散生或群生于阔叶林中腐木上。

分布｜车八岭是这个种的模式产地。目前已知该种仅在我国华南地区有分布。可能有毒。

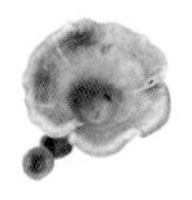

104 双型裸脚伞

Gymnopus biformis（Peck）Halling

菌盖长0.5~1.2 cm，幼时凸镜形，成熟时平展形，中部下凹，边缘上卷，幼时淡红褐色，成熟时肉桂褐色；边缘颜色较淡，表面光滑，干燥，具有明显的条纹。菌褶直生，较稀疏，白色至灰褐色。菌柄长 2~4 cm，圆柱状，中生，顶部为淡黄褐色，越往下颜色越深，为淡红褐色，表面具微绒毛，直插入基物内。担子 17~20×4.3~6 μm，棒状。担孢子 6.2~7.8 ×3.0~3.8 μm，椭圆形至长椭圆形，光滑，壁薄。缘生囊状体 23~31 ×5.3~7.1 μm，棒状至弯棒状，顶部具多处分裂。存在锁状联合。

生境｜群生于森林地面的落叶层。

讨论｜这个种在我国华南地区较为常见，但过去没有相关的报道。食毒未明。

105 栎裸脚伞

Gymnopus dryophilus（Bull.）Murrill

别名栎金钱菌。菌盖直径 2.5~6.5 cm，初期凸镜形，后期平展，赭黄色至浅棕色，中部颜色较深，表面光滑；边缘平整至近波状，水渍状。菌肉白色，伤不变色。菌褶离生，稍密，污白色至浅黄色，不等长，褶缘平滑。菌柄长 3~8 cm，直径 0.3~7 mm，圆柱形至近圆柱形，脆，黄褐色。担孢子 4.3~6.2×2.7~3.5 μm，椭圆形，光滑，无色，非淀粉质。

生境｜夏秋季簇生于林中地上。

讨论｜全国各地均有报道，常见种类。有记载可以食用，但也有记载认为有毒，能引起胃肠炎型中毒。

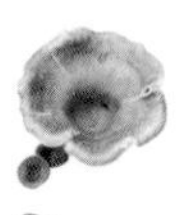

106 华丽海氏菇

Heinemannomyces splendidissimus Watling

菌盖直径 3.5~4.5 cm。平展，灰红色，表面被平伏的毡状绒毛；边缘有菌幕残片，下皮层白色，菌肉白色，伤变红。菌褶灰蓝色或铅灰色，后期变为黑色，直生，密，有小菌褶。菌柄 3.8~5.5×0.5~0.8 cm，柱状，中空，菌环上位，绒毛状，菌环以上较细，乳黄色至橄榄褐色，后期因散落孢子而呈灰色，被丛生的绒毛。菌环以下颜色与菌盖相近，顿红色，被毡状绒毛。担子 17~19×5.6~8 μm，短棒状，含有 2 个孢子或 4 个孢子。担孢子 6~8×3.6~4.5 μm，椭圆形或卵圆形，光滑，厚壁，未成熟时近无色，成熟后蓝紫色。

生境 | 生于阔叶林中地上。

讨论 | 这是近年在我国华南地区发现的新记录种，其菌盖毡状绒毛及灰蓝色或铅灰色的菌褶特征相当显著。食毒未明。

107 地生亚侧耳（参照种）

Hohenbuehelia cf. *geogenia*（DC.）Singer

别名密褶亚侧耳。菌盖宽 3~10 cm，花瓣状、扇形至匙形，初期淡肉桂色至肉桂色，后期淡肉桂色至浅黄褐色；边缘光滑、波浪状，中下部具白色至灰白色细小绒毛。菌肉白色，有蘑菇香味。菌褶白色，延生，白色至米色。菌柄长 1~2 cm，直径 0.5~1.5 cm，圆柱形，与盖表同色，具白色至灰白色细小绒毛。担孢子 5.5~6.5×3.5~4 μm，椭圆形，非淀粉质。

生境｜群生于植物园、公园草地上或地上的腐木上。

讨论｜地生亚侧耳在我国北方报道较多。车八岭的标本与之十分接近，但是否完全一样还有待研究，暂作参照种处理。记载可以食用和药用。

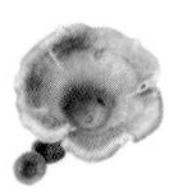

108 灰褐湿伞

Hygrocybe griseobrunnea T. H. Li & C. Q. Wang

菌盖直径 1.6~3.2 cm。幼时平展，老后边缘上翘，中央常有裂口，灰色，局部带紫罗兰色，具黑褐色鳞片，老时部分鳞片脱落，菌肉薄，白色至带菌盖颜色。菌褶近白色至白色，贴生至短延生，透明状，蜡质，易碎，每厘米约 4 片完全菌褶，两完全菌褶间具 1~3 片小菌褶，宽约 3 mm。菌柄长 1.2~3 cm，直径 3~6 mm，圆柱形，白色至淡紫罗兰色或灰紫色，光滑。担孢子 6~8.5×4~6.5 μm，椭圆形，光滑，无色。

生境｜群生于阔叶林中的沙土地上。

讨论｜目前仅在广东有记录，其灰色的菌盖及中部容易开孔的特征较为特殊，有助辨认。车八岭是这个种的模式产地。食毒未明。

伞菌

109 裂盖湿伞（暂定名）

Hygrocybe sp.1

菌盖直径 2~5 cm。初期锥形，渐平展，中部突起，橘色或猩红色至深红色，常常部分变橙黄色至黄色，近边缘通常较浅色，呈橙黄色至黄色，成熟时边缘常开裂或沿半径方向常撕裂，菌肉薄，淡黄色或白色。菌褶离生或稍附生，成熟时稍稀，白色至淡黄色；褶缘脆，常损坏。菌柄长 2~4 cm，直径 2~4 mm，圆柱形至近圆柱形，光滑或具纵向沟纹，空心，上端橙色向下渐黄色，基部近白色，担孢子二型性，大孢子 10~12×6~8 μm，小孢子 6~9×4~6 μm，椭圆形，光滑，无色。

生境｜单生或散生于阔叶林或混交林中地上。

讨论｜这个种在我国华南地区多处有发现，其鲜艳的菌盖颜色、带淡青黄色的菌柄及常常撕裂的菌盖特征特别明显。分子系统学研究结果表明，该种隶属于具二型孢子的拟结实组 sect. *Pseudofirmae*。食毒未明。

110 红橙湿伞（暂定名）

Hygrocybe sp.2

菌盖直径 0.5~2 cm，半球形，光滑，边缘具透明的条纹，中央橙红色至红色，边缘橙色至暗橙色，菌肉薄，蜡质。菌褶延生，稍稀，白色至淡黄色，褶缘平滑、易碎。菌柄长 1.5~5 cm，粗 1.5~4 mm，圆柱形或稍扁圆形，上下近等粗，质地较脆，易弯曲，光滑，上部橙红色，基部淡黄色，初实心，后空心。担孢子 5~7×3~5 μm，椭圆形，光滑，无色。

生境 | 夏秋季群生或散生于针阔叶混交林地上。

讨论 | 红橙湿伞与鸡油湿伞 *Hygrocybe cantharellus*（Schwein.）Murrill 相似，但后者孢子较大，为 9~10.5×5.5~7 μm，担子较大，为 45~65× 7~10 μm，菌盖表面具有明显的鳞片或绒毛。食毒未明。

111 簇生垂幕菇（参照种）

Hypholoma cf. *fasciculare*（Huds.）P. Kumm.

别名簇生沿丝伞。菌盖直径 0.3~4.3 cm，初期圆锥形至钟形，近半球形至平展，中央钝至稍尖，硫黄色至盖顶稍红褐色至橙褐色，光滑，盖缘硫黄色至灰硫黄色，并吸水至稍水渍状，干后易转变为黑褐色至暗红褐色，或水渍状部位暗褐色，有时干后不变色，盖缘初期覆有黄色丝膜状菌幕残片，后期消失。菌肉浅黄色至柠檬黄色。菌褶弯生，初期硫黄色，后逐渐转变为橄榄绿色，最后转变为橄榄紫褐色。菌柄长 1~4 cm，直径 1~3.9 mm，圆柱形至近圆柱形，硫黄色，向下逐渐变为橙黄色至暗红褐色，有时具有菌幕残痕或易消失的菌环，基部具有黄色绒毛，担孢子 5.5~6.5×4~4.5 μm，椭圆形至长椭圆形，光滑，淡紫灰色。

生境｜夏秋季簇生至丛生于腐烂的针阔叶树伐木、木桩、腐倒木、腐烂的树枝上，或埋入地下的腐木上。

讨论｜全国各地均有分布。我国南方地区的标本个体偏小，可能是簇生垂幕菇的近缘种，暂作参照种处理。有毒！可以药用。

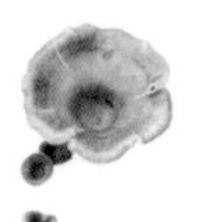

112 黄褐丝盖伞（参照种）

Inocybe cf. *flavobrunnea* Y. C. Wang

菌盖直径 3~5 cm，初期钟形，后呈斗笠形，黄色至褐色，表面具丝状纤毛，老后边缘开裂，菌肉污白色。菌褶浅褐色，较密，弯生，不等长。菌柄长 6~14 cm，粗 0.4~0.8 cm，圆柱形，污白色或浅褐色，脆，内部实心，表面具纤毛，基部略膨大呈杆状，孢子 8~12 ×5~6 μm，锈色至浅褐色，椭圆形，光滑。

生境｜夏秋季单生或群生于冷杉等林中地上或生于苔藓间。

讨论｜黄褐丝盖伞在我国西南地区有较多报道。我国华南地区的标本与该种非常相似，是否完全一样还有待更多的研究。广东有食用这种蘑菇的中毒案例。有毒！

113 红蜡蘑（参照种）

Laccaria cf. *laccata*（Scop.）Cooke

别名蜡蘑。菌盖直径 2.5~4.5 cm，薄，近扁半球形，后渐平展并上翘，中央下凹成脐状，鲜时肉红色、淡红褐色或灰蓝紫色，湿润时水浸状，干后呈肉色至藕粉色或浅紫色至蛋壳色，光滑或近光滑，边缘波状或瓣状并有粗条纹。菌肉与菌盖同色或粉褐色，薄。菌褶直生或近弯生，稀疏，宽，不等长，鲜时肉红色、淡红褐色或灰蓝紫色，附有白色粉末。菌柄长 3.5~8.5 cm，直径 3~8 mm，圆柱形，与菌盖同色，近圆柱形或稍扁圆，下部常弯曲，实心，纤维质，较韧，内部松软。担孢子 7.5~11×7~9 μm，近球形，具小刺，无色或带淡黄色。

生境｜夏秋季散生或群生于中低海拔的针叶林和阔叶林中地上及腐殖质上，或者林外沙土坡地上，有时近丛生。

讨论｜这是分布极广的种类，我国几乎所有省区都有报道。近年有研究发现我国有一些这个属的新种，我国华南地区这种蜡蘑是否与原描述于北美的红蜡蘑完全一样还有待更多的考证。这里暂作参照种处理。可以食用和药用。

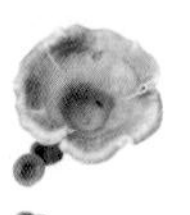

114 刺孢蜡蘑（参照种）

Laccaria cf. *tortilis*（Bolton）Cooke

菌盖直径 0.5~1.5 cm，初期半球形至扁半球形，后扁平中部下凹，水浸状，光滑或有细微小鳞片，土褐黄色至红褐色；边缘具条纹且十分明显，菌肉同盖色，很薄，膜质，味温和。菌褶直生至稍延生，淡肉红色，似有白粉，稀，厚，蜡质，宽达 3 mm。菌柄短，长 0.4~1 cm，粗 0.2~0.4 cm。圆柱状或向下膨大，纤维质，与菌盖同色，无色或有条纹，内部实心，孢子 10~14×9.6~13 μm，近无色，近球形，有刺。

生境｜夏秋季单生、散生至群生于混交林中地上。

讨论｜刺孢蜡蘑在我国南方有报道。该种与常见的蜡蘑 *Laccaria laccata* 相似，但菌体更小，菌褶相对较宽，车八岭的标本与之相似但菌盖表面颜色较浅（可能与干燥有关）、菌柄较粗，略有差异，这里暂作参照种处理。可以食用和药用。

115 橙黄乳菇

Lactarius aurantiacus（Pers.）Gray

别名细质乳菇。菌盖直径 2~6.5 cm，初扁半球形，后平展下凹，红锈橙色、橘黄色或褐橙色，菌肉淡黄色，伤不变色。菌褶密，近柄处分叉，小菌褶多。菌柄长 2~6 cm，粗 0.3~0.9 cm。近圆柱形，上下基本等粗，与菌盖同色或稍浅。各部分受伤后会流出乳汁。乳汁丰富，乳白色。担孢子 5~6.3×5~6.3 μm，椭圆形。

生境｜夏秋季群生于针叶林或阔叶林中地上。

讨论｜这个种我国多采用其异名细质乳菇 *Lactarius mitissimus*（Fr.）Fr.，在我国东北地区、华南地区、西南地区均有报道。车八岭的标本形态与橙黄乳菇相似，但颜色较暗，可能是标本较老所致。可以食用。

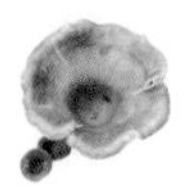

116 纤细乳菇

Lactarius gracilis Hongo

菌盖直径 1~1.4 cm，平展中凹形，中央有明显脐凹，干，肉质，上密被微细绒毛状、浅黄褐色小鳞片，光滑部分色浅，呈灰黄白色，菌肉厚 2~3 mm，白色至黄色，伤不变色，无味道，无气味。乳汁清水状至微白色，不变色。菌褶浅黄褐色，盖缘处每厘米 18~20 片，不等长，延生，褶缘平滑。菌柄中生，长 3~5 cm，粗 1~1.6 mm，圆柱形，浅黄褐色，上有绒毛，纤维质，空心，担子 36~40×6.5~10 μm 棒形，微黄色，4 个孢子。担孢子 6~7.5×5.5~7 μm，近球形，有小刺和网纹，微黄色，淀粉质。

生境｜散生于阔叶林中地上。

讨论｜纤细乳菇最早发现于日本，我国也有报道。广东曾描述过一个叫多鳞乳菇 *Lactarius squamulosus* Z. S. Bi & T. H. Li 的种，可能为纤细乳菇的同物异名。食用性与毒性未明。

117　多汁乳菇

Lactarius volemus（Fr.）Fr.

别名红奶浆菌、牛奶菇、奶汁菇。菌盖直径 4~11 cm，初期扁半球形中部下凹呈脐状，伸展后近漏斗状，橙红色、红褐色至栗褐色，有时浅色的为黄褐色、琥珀褐色、深棠梨色或暗土红色，常覆有白粉状附属物，光滑或稍带细绒毛，不黏或湿时稍黏，无环纹；边缘初期内卷，后伸展。菌肉乳白色，伤后变淡褐色，脆，较厚、致密，不辣。菌褶白色或淡黄色，伤后变黄褐色，稍密，直生至近延生，近柄处分叉，不等长，伤后有大量白色汁液逸出，乳汁丰富，白色，不变色。菌柄长 3~10 cm，直径 1~2.5。近圆柱形或向下稍变细，与菌盖同色或稍淡，近光滑或有细绒毛。担孢子 8.5~12×8~10 μm，近球形或球形，表面具网纹和微细疣，无色至淡黄色，淀粉质。

生境｜夏秋季生于松林或针阔混交林中地上，散生、群生至稀单生，常与松树形成菌根。

讨论｜我国各地均有分布。可以食用和药用。

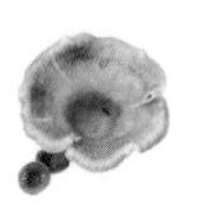

118 亚辣流汁乳菇

Lactifluus subpiperatus（Hongo）Verbeken

菌盖直径 3~9 cm，初期凸镜形或扁半球形，中部脐状，后期渐平展，中部下凹至漏斗形，污白色，常具赭色或褐色色调，有时具锈褐色斑点，光滑或具细绒毛，不黏；边缘初期内卷，无条纹。菌肉厚，白色或近白色，伤不变色，味道温和至微麻或稍辛辣，有水果气味。菌褶延生，白色或近白色，稍密，不等长；边缘常具淡绿色。菌柄长 2~4 cm，直径 1.5~3 cm，短粗，实心，上下等粗或向下渐细，伤不变色，光滑或上部具纤毛状物，乳汁丰富，奶白色。担孢子 7~8.5×6~7.2 μm 卵圆形至近球形，无色，表面具小刺或小疣突，稍有网纹，近无色，淀粉质。

生境｜夏秋季生于林中地上。

讨论｜我国南方地区有分布。这个亚洲种外形与原描述于欧洲的辣流汁乳菇 *L. piperatus*（L.）Roussel 相似，但后者菌褶相当密。食毒未明，其辣味可能会引起不适。

119 香菇

Lentinula edodes（Berk.）Pegler

别名香蕈、香信、冬菰、花菇、香菰。菌盖直径 5~12 cm，呈扁半球形至平展，浅褐色、深褐色至暗肉桂色，具或大或小的深色鳞片，边缘处鳞片色浅或污白色，具毛状物或絮状物，在低温空气干燥环境下菌盖表面可形成菊花状或龟甲状裂纹，盖缘初时内卷，后平展，早期菌盖边缘与菌柄间有淡褐色棉毛状的内菌幕，菌盖展开后，部分菌幕残留于菌缘。菌肉厚或较厚，白色，柔软而有韧性，肉质至半革质。菌褶白色，密，弯生，不等长。菌柄长 3~10 cm，直径 0.5~3 cm，中生或偏生，常向一侧弯曲，实心，坚韧，纤维质。菌环窄，常常不明显，易消失，菌环以下有纤毛状鳞片。担孢子 4.5~7×3~4 μm，椭圆形至卵圆形，光滑，无色。

生境｜秋季散生、单生于阔叶树倒木上。

讨论｜全国各地均有报道，并普遍栽培。有些栽培品种菌盖菌肉比这里介绍的香菇要厚大的多。著名的食用菌和药用菌。

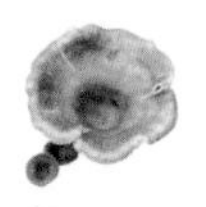

120 翘鳞香菇

Lentinus squarrosulus Mont.

菌盖直径 4~13 cm，薄且柔韧，凸镜形中凹至深漏斗状，灰白色、淡黄色或微褐色，干，被同心环状排列的上翘至平伏的灰色至褐色丛毛状小鳞片，后期鳞片脱落，边缘初内卷，薄，后浅裂或撕裂状。菌肉厚，革质，白色。菌褶延生，分叉，有时近柄处稍交织，白色至淡黄色，密，薄。菌柄长 1~3.5 cm，直径 0.4~1 cm，圆柱形，近中生至偏生或近侧生，常向下变细，实心，与菌盖同色，常基部稍暗，被丛毛状小鳞片。担孢子 5.5~8×1.7~2.5 μm，长椭圆形至近长方形，光滑，无色，非淀粉质。

生境 | 群生、丛生或近叠生于针阔混交林或阔叶林中腐木上。

讨论 | 我国主要分布于南方地区。幼时可食，但为纤维质，口感稍差。

121 梭孢环柄菇（参照种）

Lepiota cf. *magnispora* Murrill

菌盖直径 3~7 cm，初期半球形或扁半球形，后期近平展或边缘稍上翘，表面白色至黄白色，有暗黄色或黄褐色鳞片，中部色深；边缘色浅或有条棱。菌肉白色，薄或中部稍厚。菌褶纯白色或污白色带黄色，离生，不等长，较密。菌柄长 4~9 cm，粗 3~7.5 mm，细长圆柱形，白色，有明显毛状或棉毛状鳞片。菌环近丝膜状，菌环以上近光滑或有细颗粒状鳞片。担孢子 13~17 ×4~5 μm，光滑，长梭形，歪斜，无色。

生境｜夏秋季散生或单生于林中、林缘及草地上。

讨论｜我国分布于南方地区。食毒未明。

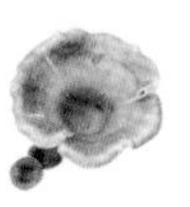

122 始兴环柄菇

Lepiota shixingensis Z. S. Bi & T. H. Li

菌盖直径3.5~4 cm，橙色至橙褐色，中央深橙褐色，干，平展脐凸形，上密被鱼鳞状小鳞片和黑色小刺毛，膜质至肉质；边缘延伸，无条纹，菌肉近柄处厚 2.5 mm，白色，伤不变色，无味道和气味。菌褶黄色，稍密，盖缘处每厘米 20 片，离生，不等长，褶缘锯齿状。菌柄长 4~7 cm，近柄顶处粗 5~7 mm，中生，圆柱形，柄基杵状，上部白色，下部淡褐色，上有绒毛和小刺毛，纤维质，空心。菌环上位，单环，活动，上表白色，下表淡橙褐色。担子 18~24×6 μm，棒形，浅黄色，2~4 个孢子。担孢子 5~7×3~4 μm，椭圆形，有小尖突，光滑，无色，类糊精质。

生境｜散生于混交林中地上。

讨论｜我国分布于华南地区。车八岭是这个种的模式产地。食毒未明。

123　易碎白鬼伞

Leucocoprinus fragilissimus（Ravenel ex Berk. & M. A. Curtis）Pat.

菌盖直径 2~3 cm，膜质，易碎，近白色，稍带淡柠檬黄色，平展后中部较深，覆有易脱落的柠檬黄色粉粒，具显著的辐射状褶纹。菌肉极薄，与菌盖同色，易碎。菌褶与菌盖同色。菌柄长 4~8 cm，粗 2~3 mm，纤细的圆柱形，中空，易碎，覆有一层黄色粉粒，与菌盖同色。菌环生于菌柄上部，膜质，易脱落，与菌盖同色。担孢子 8.5~10×6~ 7.6 μm，卵圆形，无色，光滑。

生境｜生于阔叶林中地上。

讨论｜我国南方地区十分常见，但由于十分脆弱，标本不好保管。食毒未明。

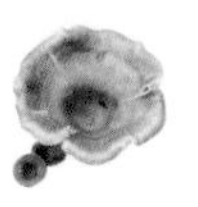

124 聚生小皮伞（参照种）

Marasmius cf. *abundans* Corner

菌盖直径3~6 cm，平展，中央稍突或突起，光滑，近橙白色至略粉色；边缘近奶油色。菌肉薄，黄白色。菌褶附生至离生，稍稀疏，不等长，近白色至带橙白色，菌柄中生，30~80×3~12 mm，圆柱形，顶部与菌褶颜色接近，浅色，向下变橙褐色至黑褐色，基部非直插入基物内。无明显的气味和味道。担孢子 9~11× 3~4 μm，椭圆形至近梭形，光滑，薄壁，透明，非淀粉质。

生境｜聚生于植物枯枝落叶层上。

讨论｜目前我国仅华南地区有报道。食毒未明。

125 橙黄小皮伞

Marasmius aurantiacus（Murrill）Singer

菌盖直径 0.5~3 cm，凸镜形，后平展，老时平展中凹，浅蛋黄色、黄褐色、橙褐色至红褐色，干，不黏，有皱纹及辐射沟纹。菌肉薄，白色。菌褶白色，不等长，短延生、附生至近离生，盖缘处每厘米 4~5 片。菌柄长 1~3 cm，粗 1~2 mm，圆柱形，顶端近白色，其余部分褐色，基部具绒毛状菌丝体或粗毛。担孢子 8~11×3.3~4.3 μm，椭圆形，光滑，无色。

生境｜夏秋季群生于阔叶林中腐木或枯枝上。

讨论｜我国南北地区均有报道，但南方较多。食毒未明。

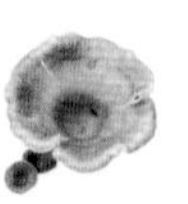

126 狭缩小皮伞

Marasmius coarctatus Wannathes, Desjardin & LumYong

菌盖直径 1.8~3.6 cm，凸镜形至平展，黄褐色至灰橙褐色，光滑或有弱条纹。菌肉薄，浅黄褐色。菌褶直生，密，近白色到浅黄色，褶缘与褶面同色或带菌盖颜色。菌柄长 3.5~6.5 cm，直径 1.5~3 mm，圆柱形，顶端近白色到浅黄色，基部橙褐色、黄褐色至灰褐色，光滑，无附属物，基部有黄色粗糙菌丝体。担孢子 5.5~9×3~3.5 μm，椭圆形，光滑，薄壁，透明，非淀粉质。

生境｜单生或群生于双子叶植物腐枝或腐叶上。

讨论｜我国目前在吉林和广东有报道。食毒未明。

127 联柄小皮伞

Marasmius cohaerens（Pers.）Cooke & Quél.

菌盖直径 2.3~2.8 cm，凸镜形至平展，橙褐色至黄褐色，中部较暗，光滑或有弱条纹，有微细绒毛。菌肉薄，白色。菌褶近离生，白色，污白色，密。菌柄长 3~4 cm，直径 1~2 mm，圆柱形，橙褐色至红褐色；基部稍细，颜色较暗至近黑褐色，光滑，有白色粗糙菌丝体。担孢子 7~10.5×3.5~4.5 µm，椭圆形，光滑，薄壁，透明，非淀粉质。

生境｜群生于双子叶植物腐枝、腐叶上。

讨论｜我国分布于华南地区。车八岭这份标本的其他特征，包括菌盖与菌柄的大小形态与颜色等，是符合这个种的特征的。而照片中泡状的突起只是生长环境的某种原因造成的，并非联柄小皮伞这个种的固定特征。食毒未明。

128 花盖小皮伞

Marasmius floriceps Berk. & M. A. Curtis

菌盖直径 1~3 cm，扁半球形、凸镜形至平展，有沟纹，中央有皱纹，橙色、橙红色至橙褐色，中部颜色较深。菌肉薄。菌褶附生，稍密，不等长，窄，白色。菌柄长 2~4.5 cm，直径 1~1.5 mm，圆柱形，空心，顶端近白色、黄白色至有点青黄色，向基部渐变橙褐色，基部菌丝体白色至淡黄色。担孢子 6.8~9.2×3~3.5 μm，椭圆形，薄壁，透明，无色，非淀粉质。

生境｜单生或群生于双子叶植物腐叶或腐枝上。

讨论｜我国南北地区均有分布，但报道不多。食毒未明。

129 梭囊小皮伞

Marasmius fusicystidiosus Antonín, Ryoo & H. D. Shin

菌盖直径 2.5~4 cm，凸镜形至平展形，中央有脐凹，中央浅褐色至红褐色，光滑无附属物；边缘有短的细条纹。菌褶直生至弯生，密集，乳白色，褶缘与褶面同色。菌柄长 6~8.5 cm，宽 2~3.2 mm，中生，圆柱形，基部稍膨大，空心，非直插入基物内。无明显的气味和味道。担子 26~30×6~8.3 μm，圆柱形，棒形至近梭形。担孢子 7~10.5×2.6~4.2 μm，椭圆形，近圆柱形，光滑，薄壁，透明，非淀粉质。

生境 | 单生或群生于混交林中腐殖质上。

讨论 | 目前我国仅在南方地区有报道。食毒未明。

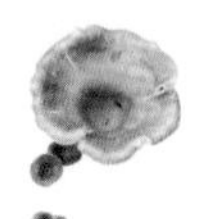

130 青黄小皮伞

Marasmius galbinus T. H. Li & Chun Y. Deng

菌盖直径 0.8~1.5 cm，幼时圆锥形，成熟时钟形至凸镜形，中央有皱纹，有明显条纹，水渍状，淡黄白色至微青白色，中央和条纹近白色。菌肉薄，黄白色。菌褶近离生，较稀，宽 1~2 mm，不等长。菌柄长 1.5~3 cm，直径 0.5~1 mm，圆柱形，空心，无毛，非直插入基物内，上半部近白色，下半部淡黄色至淡黄褐色，有白色至微黄色菌丝体。担孢子 14~16×4~5 μm，近梭形，常弯曲，光滑，无色，非淀粉质。

生境｜群生于双子叶植物枯枝上或覆盖了杂草的地上。

讨论｜广东车八岭是这个种的模式产地。食毒未明。

131 大帚枝小皮伞（参照种）

Marasmius cf. *grandisetulosus* Singer

菌盖直径 10~15 mm，凸镜形，暗褐色、浅褐色，被细绒毛。菌肉薄，白色。菌褶直生，白色至淡奶油色，褶缘与褶面同色。菌柄 31~46×1~2 mm，圆柱形，顶端白色，透明，逐渐变为橙色，暗褐色，非直插入基物内。担子 25~36×9~12 μm，棒形。担孢子 15~19×3~4 μm，泪滴状，梭形至棒形，光滑，薄壁，透明，非淀粉质。

生境｜单生或群生于单子叶或双子叶植物叶片和腐枝上。

讨论｜目前我国仅广东有报道。但广东的标本是否与美洲的种类完全一样还有待研究，暂作参考种处理。食毒未明。

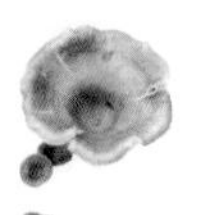

132 红盖小皮伞

Marasmius haematocephalus（Mont.）Fr.

菌盖直径 0.5~2.5 cm，初钟形，后凸镜形至平展，具脐突，红褐色至紫红褐色，干，密生微细绒毛，有弱条纹或沟纹。菌肉薄。菌褶弯生至离生，稍稀，初白色，后转淡黄白色，很少小菌褶。菌柄长 3~6 cm，直径 0.5~1.2 mm，深褐色或暗褐色，近顶部黄白色，脆骨质，基部稍膨大呈吸盘状，上有白色菌丝体。担孢子 16~26×4~5.6 μm，近长梭形，光滑，无色。

生境｜生于阔叶林中枯枝或落叶上。

讨论｜我国南北地区均有报道，是较常见的种，南方更常见。食毒未明。

133 小鹿色小皮伞

Marasmius hinnuleus Berk. & M. A. Curtis

菌盖直径 0.8~10 mm，凸镜形，钟形至平展形，中央褐色、暗褐色；边缘橙褐色、黄褐色，条纹明显，无毛。菌褶附生至离生，白色，较稀，小菌褶 0~3 片，有分叉，窄。菌柄 25~35×0.5~1 mm，中生，圆柱形，顶端白色，逐渐变为浅褐色、赭色，非直插入基物内，基部菌丝淡黄色。担孢子 8~11 ×3.8~5 μm，椭圆形、长椭圆形，无色，透明，非淀粉质，薄壁。担子 24~35×5~8 μm，棒形。侧生囊状体 25~35×5~10 μm，梭形，近棒形，一端细长形。缘生囊状体由干型帚状细胞组成，主细胞 7~14×4~7 μm，形状多样；分枝较多，4~7×1.5~3 μm，圆柱形至圆锥形，尖或钝。菌盖皮层菌丝子实层状，由干型帚状细胞组成，主细胞 5~10×3~7 μm，小枝 3~9×1~3 μm，遇氢氧化钾液变淡褐色。

生境 | 单生或群生于混交林中阔叶树腐叶上。

讨论 | 目前我国仅广东有发现。食毒未明。

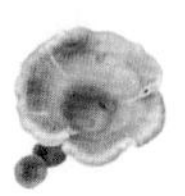

134 亚红小皮伞

Marasmius hypochroides Berk. & Broome

菌盖直径 23~75 mm，凸镜形，平展凸镜形至平展，有条纹至沟纹，中央灰红色；边缘浅橙色至橙色。菌肉薄，白色。菌褶附生至直生，幼时白色，成熟时黄褐色。菌柄 75~96×3~4.5 mm，中生，圆柱形，顶端白色，向下渐变成浅褐色、褐色，非直插入基物内，绒毛状。担子 25~35×5~7 μm，棒形。担孢子 9~11×5~6 μm，柠檬形、椭圆形，薄壁，透明，非淀粉质。

生境 | 群生至单生于双子叶植物叶片或木头上。

讨论 | 目前我国仅广东有发现。食毒未明。

135 茉莉香小皮伞

Marasmius jasminodorus Wannathes, Desjardin & Lumyong

菌盖直径 1~4 cm，宽凸镜形至钟形，有时具轻微凸形，具皱纹，深红褐色、浅红褐色；边缘浅棕色至棕褐色。菌肉黄白色，薄。菌褶连生近离生，宽 2~5 mm。菌柄长 2~6.5 cm，直径 1~2 mm，中生，圆柱形，坚韧，空心，光滑至具有细小绒毛，非直插入基物内，基部具粗糙的伏毛，淡橙褐色菌丝体；顶端淡黄白色，基部棕色至红棕色或深棕红色。气味浓，甜香，像茉莉香。味道较苦。担子 23~26×5~6.5 μm，圆柱形，具有 4 个孢子。担孢子 8.5~13×3~4.5 μm，椭圆形，弯曲，光滑，薄壁，透明，无色，非淀粉质。

生境｜常群生于腐叶或腐枝上。

讨论｜目前我国仅广东有发现。食毒未明。

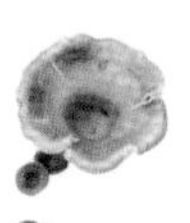

136　苍白小皮伞

Marasmius pellucidus Berk. & Broome

菌盖直径 3~4 cm，尖圆锥形、凸镜形或钟形至宽凸镜形、宽钟形至平展，中央黄白色、奶油色；边缘白色，中央常凹陷，光滑至有皱纹或有网纹，边缘有条纹至沟纹，透明，向下弯曲至上卷，水渍状，无毛，湿或干。菌肉薄，白色。菌褶直生至弯生，密至较密。菌柄圆柱形，顶端白色，基部褐色至深褐色，纤维质，空心，非直插入基物内，菌柄长 1~9 cm，宽 0.8~1.2 mm，基部有白色绒毛。气味温和，味道不明显。担子 22~26×3.5~5 μm，棒形。担孢子 6~7×3~3.5 μm，扁桃体形、拟梭形，光滑，薄壁，透明，非淀粉质。

生境｜群生至簇生于混交林中地上腐叶上。

讨论｜目前我国主要在南方地区有报道。这个种与膜盖小皮伞 *M. hymeniicephalus*（Speg.）Singer 十分相似，它们的关系仍有待研究。食毒未明。

伞菌

137 脉盖小皮伞

Marasmius phlebodiscus Desjardin & E. Horak

菌盖直径 3~7 cm，宽凸镜形，平展凸镜形，灰白色、橙黄色，中央有不明显的网状皱纹；边缘有纵条纹，光滑，无附属物。菌肉薄，黄白色。菌褶直生，密集，污白色至橙黄色，褶缘与褶面同色。菌柄长 4~9 cm，粗 3~8 mm，中生，圆柱形，表面有细纤维状的附属物，非直插入基物内，顶端透明，污白色，基部与菌盖同色；基部菌丝白色，污白色。气味和味道新鲜时未观察。担子 20~30×4~8 μm，棒形，4 孢。担孢子 5.5~7×3~3.5 μm，椭圆形，光滑，薄壁，透明，非淀粉质。

生境 | 群生至簇生于混交林中地上及腐叶上。

讨论 | 这个种我国仅广东有发现，其菌盖上网状的皱纹特征较明显。食毒未明。

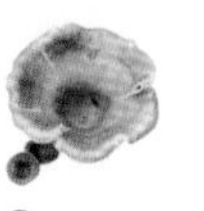

138 紫条沟小皮伞

Marasmius purpureostriatus Hongo

菌盖直径 1~2.5 cm，钟形至半球形，中部下凹呈脐形，顶端有一小突起，黄色、紫黄色至紫红色或紫褐色，后期盖面色变浅，由盖顶部放射状形成紫褐色或浅褐紫色沟条。菌肉薄，污白色。菌褶近离生，污白色至乳白色，稀疏，不等长。菌柄长 4~11 cm，直径 2~3 mm，圆柱形，上部污白色，向基部渐呈褐色，表面有微细绒毛，基部常有白色粗毛，空心。担孢子 22.5~30×5~7 μm，长棒状，光滑，无色。

生境 | 夏秋季生于阔叶林中枯枝落叶上，

讨论 | 这个原描述于日本的种在我国东北地区、西南地区与华南地区均有报道。颜色从紫色到黄色等变化较大，但凹陷的沟纹往往能保持紫色或带紫色。与贝科拉小皮伞 *M. becolacongoli* 十分相似。食毒未明。

139　小型小皮伞

Marasmius pusilliformis Chun Y. Deng & T. H. Li

菌盖直径 1~2 mm，锥状至钟形、半球形至凸形，中央具脐状突起，光滑，略有皱纹或辐射状沟纹，白色至黄白色。菌肉白色，薄。菌褶直生，离生，狭窄，白色。菌柄 3~5×0.1~0.2 mm，中生，圆柱形，常稍弯，透明至近白色、黄白色或幼时青白色，顶端通常会变成黄褐色，至基部逐渐变成淡褐色至暗褐色，直插入基物内，基部菌丝体淡黄色。担孢子 9~11.1×3.8~4.6 μm，椭圆形，透明，非淀粉质，薄壁。担子 26~33×6~8 μm，圆柱形至棍棒形，2~4 个孢子。侧生囊状体 32~50×4.8~8 μm，头部纺锤状膨大。缘生囊状体常见，由干型扫帚状细胞组成；主细胞 12~26×6~8 μm，圆柱形至棍棒形，宽棍棒形或梨形，透明，非淀粉质，薄壁；小枝 2~6×1~2 μm，锥形至圆柱形，顶纯圆至亚尖，黄褐色，薄壁。菌盖皮层细胞子实层状，由干型扫帚状细胞组成；主细胞（3）5~10×4~8 μm，球形至棍棒形或外形不规则，常常分枝，淡褐色，小枝 1~5×1~2 μm，密集，圆柱形，顶纯圆至亚尖。全部组织均有锁状联合。

生境｜群生于单子叶植物和双子叶植物的枝条上。

讨论｜目前仅见于广东省，车八岭是模式产地，个体非常细小，但群生，个体较多。食毒未明。

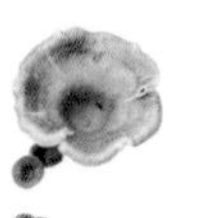

140 轮小皮伞

Marasmius rotalis Berk. & Broome

菌盖直径 1.5~7.6 mm，初半球形，后凸镜形，中央有一小乳突，白色、黄白色至淡褐色，中央颜色较深，有条纹或沟纹。菌肉薄，与菌盖同色。菌褶直生，等长，白色至近白色，近菌柄处形成一项圈。菌柄长 2~2.5 cm，直径 0.5~1 mm，圆柱形至近线形，纤细，韧，空心，暗褐色，有黑色的菌索，担孢子 7~9×3~4 μm，椭圆形，光滑，无色。

生境 | 生于腐叶上。

讨论 | 这个是泛热带种类，全球热带地区广泛报道。我国在华南地区有分布。食毒未明。

141 拟聚生小皮伞

Marasmius subabundans Chun Y. Deng & T. H. Li

菌盖直径 1.5~2.5 cm，半球形至钟形，后平展具脐凹，膜质，浅黄色至黄白色，干，有绒毛或光滑，边缘整齐，有条纹。菌肉薄，白色。菌褶直生，稀疏，窄，淡黄色。菌柄圆柱形，上部白色，下部橙色至褐色，被不明显绒毛或光滑，纤维质，空心，非直插入基物内，基部菌丝体白色，长 3~6 cm，直径 0.8~1 mm。担孢子 8~12×3~3.5 μm，椭圆形，有偏生尖突，光滑，无色。

生境｜群生至丛生于竹林中落叶或枯枝小枝上。

讨论｜广东目前已知仅在模式产地车八岭有分布。食毒未明。

142 薄小皮伞

Marasmius tenuissimus（Jungh.）Singer

菌盖直径 1~1.5 cm，不规则凸镜形至钟形，中部橙色；边缘橙白色，表面光滑，干燥，具有明显的条纹。菌褶附生，具横脉，稀疏，相互交织近网状，白色。菌柄无或不明显。担子 17~22×5.1~6.5 μm，棒状。担孢子 8.8~11×4.2~5.6 μm，椭圆形至纺锤形，光滑，壁薄。

生境｜散生于藤本植物枯枝上。

讨论｜目前我国仅华南地区有发现。食毒未明。

143 杯伞状大金钱菌

Megacollybia clitocyboidea R. H. Petersen, Takehashi & Nagas.

菌盖直径 6~13 cm，扁半球形，后平展形或平展脐凹形，中央略下陷，灰黑色或褐黄色，表面被辐射状纤毛，老时边缘开裂。菌肉白色或污白色，薄，无味道和气味。菌褶白色，不等长，直生或弯生，幅很宽，盖缘处每厘米 8~10 片。菌柄长 6~12 cm，粗 5~15 mm，中生，圆柱形，上部白色，下部灰褐色，或与菌盖同色，基部色深，软骨质或纤维质，中空，在柄基部形成白色根状菌索，常与地下侧根相连。担子 28~38×8~10 μm，棒形，无色，含有 4 个孢子。孢子 6.5~9.3×5~7 μm，广椭圆形，薄壁，光滑，无色，透明，非淀粉质，内有 1 个大油球。

生境｜单生或散生于混交林腐木上。

讨论｜我国南北地区均有记载，较常见的种类。以往文献常错误鉴定为宽褶大金钱菌 *M. platyphylla*（Pers.）Kotl. & Pouzar。文献记载有毒。

144 球囊小蘑菇

Micropsalliota globocystis Heinem.

菌盖直径1.3~8 cm，初圆锥形至宽圆锥形，后平展脐凸形，中部紫色、紫褐色、灰褐色或红褐色，四周近白色、橙白色至灰白色，具小鳞毛。菌肉厚达 3 mm，硬，白色。菌褶离生，宽 2~4 mm，密集，初灰白色，后橙灰褐色，近盖边缘灰白色。菌柄长4~12 cm，粗3~8 mm。常中生，圆柱形，中空，光滑至具绒毛，白色至带红褐色，菌环下垂或到顶，宽 5 mm 单个，上位，边缘全缘，宿存，膜质，硬质。担子 13~23×6~9 µm，宽棒形，透明，含有 4 个孢子。担孢子 6~8.3×3.5~4.5 µm，椭圆形，无芽孔，棕色。

生境｜从生或散生于林中地上。

讨论｜目前我国仅广东有发现。食毒未明。

145 纤弱小菇

Mycena alphitophora（Berk.）Sacc.

菌盖直径 0.3~0.8 cm，初期凸镜形，后期渐变为钟形，表面覆盖白色粉末状物，具条纹，初期浅灰色，后期渐褪色为污白色。菌肉薄，气味和味道不明显。菌褶离生或稍延生，稀疏，窄，白色。菌柄长 2~4 cm，直径 1~2 mm，圆柱形，纤细，向基部渐膨大，表面密布白色绒毛，后期渐变为白色粉末。担孢子 7.5~9.5×4~5 μm，椭圆形，光滑，无色，淀粉质。

生境｜夏秋季单生至散生于枯枝落叶上。

讨论｜我国南北地区均有发现，但报道不多。菌柄十分纤弱，难以处理标本。食毒未明。

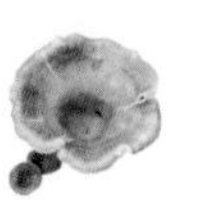

146 血红小菇

Mycena haematopus（Pers.）P. Kumm.

菌盖直径 2.5~5 cm；幼时圆锥形，逐渐变为钟形，具条纹，幼时暗红色，成熟后稍淡，中部色深，边缘色淡且常开裂呈较规则的锯齿状；幼时有白色粉末状细颗粒，后变光滑，伤后流出血红色汁液。菌肉薄，白色至酒红色。菌褶直生或近弯生，白色至灰白色，有时可见暗红色斑点，较密。菌柄长 3~6 cm，直径 2~3 mm，圆柱形或扁，等粗，与菌盖同色或稍淡，被白色细粉状颗粒，空心，脆质，基部被白色毛状菌丝体。担孢子 7.5~11×5~7 μm，宽椭圆形，光滑，无色，淀粉质。

生境｜初夏至秋季常簇生于腐朽程度较深的阔叶树腐木上。

讨论｜血红小菇在我国东北地区较常见，车八岭的这份标本特征与血红小菇相似，但菌盖条纹（沟纹）更深，菌褶较稀，菌柄较透明，可能并不是完全一样，暂作参考种处理。有毒。

147 黏脐菇

Myxomphalia maura（Fr.）H. E. Bigelow

菌盖直径 2~5 cm，暗灰色至暗褐色，辐射状隐生丝纹，湿时黏，中央下陷，直径。菌肉薄，灰白色、近白色或半透明。菌褶稍下延，污白色至淡灰色。菌柄长 3~5 cm，直径 3~5 mm，圆柱形，与菌盖同色，光滑，担孢子 5~5.5×3.5~4.5 μm，近球形至宽椭圆形、厚壁，光滑，无色，淀粉质。

生境 | 夏秋季生于火烧迹地上。

讨论 | 分布于广东。车八岭的标本与黏脐菇相似，但菌盖中凹不明显，相信是不同的种类。由于标本较少，暂时作参考种处理。食毒未明。

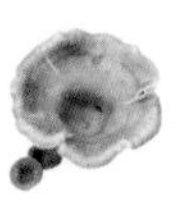

148 洁丽新香菇

Neolentinus lepideus（Fr.）Redhead & Ginns

别名洁丽香菇、豹皮香菇。菌盖直径 5~12 cm，半圆形或扁半球形，渐平展或中部下凹，乳白色至浅黄褐色或淡黄色，具深色或浅色大鳞片；边缘钝圆或有时开裂至波状。菌肉厚达 4~8 mm，白色至奶油色，干后软木质。菌褶表面白色至奶油色，干后黄褐色，直生或延生至菌柄，宽，稍稀，不等长，褶缘锯齿状。菌柄长 4~7.5 cm，直径 0.8~3 cm，常偏生，近圆柱形，具有膜状绒毛，上部奶油色至浅黄色，基部浅褐色，有褐色至黑褐色鳞片。担孢子 9~12.5×3.5~6 μm，近圆柱形。薄壁，

生境｜夏秋季生于针叶树的腐木上，近丛生。

讨论｜全国各地均有分布。有资料认为可以食用，但也有认为它有毒。不要随意食用。

149 毕氏小奥德蘑

Oudemansiella bii Zhu L. Yang & Li F. Zhang

菌盖直径 4~8 cm，初期扁半球形，后平展，中部两突起，光滑，稍有皱纹，湿时稍黏滑，黄褐色、灰黄褐色至灰褐色，有时较淡，呈灰黄色，菌肉白色，伤不变色。菌褶白色，稍稀。菌柄圆柱形，近地面部分最粗，顶端近白色，向下有与菌盖同色的小鳞片；菌柄连同假根总长 13~20 cm，直径 0.5~1 cm，其中地上部分长 5~10 cm，地下常有假根长达 10 cm。担孢子 12~16×10~13 μm，宽椭圆形，光滑，无色，非淀粉质。

生境｜生于阔叶林中地上。

讨论｜这是在广东发现的种类，原名称为大孢杯伞 *Clitocybe macrospora* G. Y. Zheng & Loh（毕志树等，1985）后经研究认为它是小奥德蘑属的种类，并重新命名为毕氏小奥德蘑 *Oudemansiella bii*（Yang & Zhang, 2003）。可以食用。

150 亚白环黏小奥德蘑

Oudemansiella submucida Corner

别名拟黏小奥德蘑。菌盖直径 4~10 cm，初期半球形，渐平展，水浸状，黏滑或胶黏，白色；边缘具稀疏而不明显条纹。菌肉薄，白色，较软。菌褶直生至弯生，宽，稀，不等长，白色或略带粉色。菌柄长 5~9 cm，直径 0.3~1 cm，圆柱形或基部膨大，纤维质，实心，上部白色，下部略带灰褐色。菌环上位，白色，膜质。担孢子 15.8~23.8×15~20 μm，近球形，光滑，无色。缘生囊状体密集组成不育带；侧生囊状体 140~210×40~50 μm，棒状至梭形。

生境｜北方夏秋季，南方春季、冬季群生、近丛生或单生于树桩或倒木、腐木上。

讨论｜我国南北地区都有报道。可以食用。

151 云南小奥德蘑

Oudemansiella yunnanensis Zhu L. Yang & M. Zang

菌盖直径 2.5~7.8 cm，扁半球形至扁平，灰色、灰褐色至黄褐色，有时近白色，胶黏，菌肉白色，伤不变色，含水量较高。菌褶厚而稀。菌柄长 2~5 cm，直径 3~8 mm，中生至偏生，上部白色，下部淡褐色，圆柱形，基部稍膨大，菌环上位，易消失。担孢子 24~38×23~33 μm，球形、近球形，光滑，无色。

生境｜夏秋季生于亚热带高山、亚高山林中腐木上。

讨论｜我国华南地区与西南地区已有分布。可以食用。

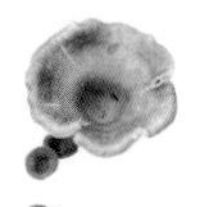

152 小扇菇

Panellus pusillus（Pers. ex Lév.）Burds. & O. K. Mill.

别名小网孔菌、小网孔扇菇。菌盖直径 0.8~3 cm，扇形，平展，边缘稍内卷，呈半圆形或肾形，边缘轮廓不规则形，有时呈撕裂或呈波状，干，有细绒毛或棉毛；成熟时具褶皱、龟裂纹或麦皮状小鳞片，棕色至淡黄棕色，有时褪色至污白色。菌肉幼时为肉质，老后为革质。菌褶直生，密，常分叉，褶间有横脉，白色至淡黄棕色，白色、淡黄色、稍褐色、浅土黄色、橙白色或黄褐色至褐色等。菌柄侧生，短，基部渐细，淡肉桂色。担孢子 4~6×2~2.5 μm，椭圆形，光滑，无色，淀粉质。

生境｜春季至秋季群生于阔叶树树桩、树干及枯枝上。

讨论｜我国多见于南方地区。其个体细小，菌褶呈网孔状，故有时又放在多孔菌类中，容易识别。食毒未明。

153 纤毛革耳

Panus brunneipes Corner

菌盖直径 2~6 cm，中凹至深漏斗形，不黏，黄褐色、肉桂褐色至土红褐色，干时栗褐色，有时具淡紫色，被粗绒毛；边缘有刺毛，具同心环纹。菌肉厚常不足 1 mm，白色或浅褐色，革质。菌褶延生，甚密，窄，苍白色、米黄色、淡黄色至木材褐色，有时带淡紫色。菌柄常偏生或中生，长 2.2~4 cm，直径 2.5~8 mm，圆柱形，与菌盖同色，被粗厚绒毛，近菌褶基部有刺毛，纤维质，实心，常有假菌核。担孢子 5~6.5×2.8~3.4 μm，椭圆形，光滑，无色。

生境｜生于混交林、阔叶林腐木中的假菌核上或埋藏在地下腐木上。

讨论｜热带亚热带种类，我国主要分布于南方地区。其结实和革质的菌盖、明显的粗毛及明显的同心环纹可作野外识别特征。纤维太多，不能食用。

154 新粗毛革耳

Panus neostrigosus Drechsler-Santos & Wartchow

别名野生革耳。菌盖直径 3~10 cm，凸镜形渐下陷至漏斗形，浅黄褐色，中央淡褐色；边缘常带紫色或淡紫色，密布长绒毛、直立短刺毛或长粗毛，边缘毛更明显，边缘内卷，薄，常呈波状至略有撕裂。菌肉近边缘处薄，革质，白色，近菌柄处厚 1.5~2 mm。菌褶密，不等长，宽 1~2 mm，延生，黄白色至浅黄褐色，或褶缘带紫色。菌柄长 1~1.8 cm，直径 3~9 mm，圆柱形或具略膨大的基部，偏生至侧生，少中生，纤维质，实心，与菌盖同色但一般不带紫色，被绒毛至粗毛，担孢子 3.5~6×1.8~2.8 μm，卵形至椭圆形，光滑，无色。

生境｜生于针阔混交林和阔叶林中腐木上。

讨论｜全国各地均有分布。我国过去许多标本被误定为粗毛革耳 *P. strigosus*（Schwein.）Fr. 或野生革耳 *P. rudis* Fr.。可以药用。

伞菌

155 裂光柄菇（参照种）

Pluteus cf. *rimosus* Murrill

菌盖直径 1.8~5 cm。初期近钟形，渐平展至凸镜形或平凹，初灰色至灰褐色或煤烟色，渐茶褐色、淡棕色或带粉色，光洁，放射状开裂，具小纤毛，中央具纤毛或鳞片；边缘具棱纹或透明条纹，菌肉薄，白色，伤不变色。菌褶离生，中等密，腹鼓状，宽 0.4 cm，不等长，初近白色，成熟后粉色，褶缘平滑。菌柄长 2~6.5 cm，粗 2~5 mm，中生，近圆柱形，基部稍膨大，灰白色或近盖色，较盖色浅，基部色深，光滑或具淡棕色纵纹，实心。担子 20~32×7~10 μm，棒状，壁薄，无色近透明，4 孢。担孢子 5~6.3×4.5~5.8 μm，近球形，略带粉色，壁薄，光滑，或内含一油滴。

生境｜夏秋季群生或散生于阔叶树腐木上。

讨论｜车八岭的标本灰褐色不明显或较浅，可能是环境因素造成。慎重起见，暂作参照种处理。食毒未明。

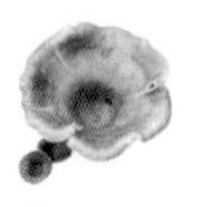

156　丸形小脆柄菇

Psathyrella piluliformis（Bull.）P. D. Orton

菌盖直径 2~5 cm，幼时半球形，渐变为钟形至平展，边缘具细条纹，水浸状，初期淡黄褐色，后黄褐色；边缘常具纤毛状菌幕残留物。菌肉薄，气味温和清淡，湿时棕色，干后淡褐色。菌褶密，直生，灰褐色。菌柄长 2.5~8 cm，直径 3~6 mm，圆柱形，基部略膨大，空心，质地脆，上部赭棕色，基部深棕色。担孢子 6.5~8.2×3.5~5.1 μm，椭圆形至长椭圆形，光滑，淡棕色。

生境｜夏秋季簇生于阔叶林中树木基部或地上。

讨论｜我国南北地区都有分布，常见种。文献记载可食。

伞菌

157 乳酪粉金钱菌（参照种）

Rhodocollybia cf. *butyracea*（Bull.）Lennox

别名乳酪金钱菌、乳酪小皮伞。菌盖直径 3~6 cm，初半球形，后平展或上卷，中央稍突，表面常常水浸状，通常暗红褐色、褐色、土黄色，中央颜色较深；边缘颜色渐浅至土黄色。菌肉中部厚，边缘薄，气味温和。菌褶直生至近离生，极密，黄白色至污白色，不等长；边缘锯齿状。菌柄长 4~8 cm，直径 3~8 mm。圆柱形，基部膨大，淡黄色至土黄色，干时暗褐色，基部有黄白色至淡黄色细毛，空心，具纵向条纹，担孢子 5~7.5×3~4.5 μm，椭圆形，光滑，无色，非淀粉质。

生境｜夏秋季单生或群生于针叶林和针阔混交林中地上。

讨论｜吉林和广东等南北地区都有分布。食毒未明。

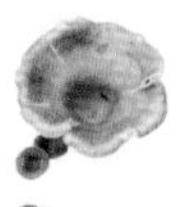

158　铜绿红菇（参照种）

Russula cf. *aeruginosa* Massee

菌盖直径 2.5~8.9 cm，平展中凹形，橄榄绿色或粉绿色；边缘带黄色，有云母光泽，幼嫩标本烘干后褪成黄褐色，不黏，被绒毛或光滑；边缘整齐，微内卷，有或无条纹，菌肉近柄处厚 4~10 mm，白色，边缘处极薄，无味道，无气味。菌褶盖缘处每厘米 10~20 片，白色或微带黄色，基本等长，有少量分叉和横脉，直生至短延生，褶缘整齐或微锯齿状。菌柄长 3.4~6 cm，近柄顶粗 9~24 mm，中生或略偏生，圆柱形，弯曲，白色，被绒毛或光滑，肉质，实心，中部海绵状。担子 19~25×4.8~8 μm，棒形，无色，2~4 个孢子。孢子直径 5~7 μm，球形，有尖突和小刺，微黄色，淀粉质，侧生囊状体及缘生囊状体 35~50×6.4~10.5 μm，近倒棒形，有时末端膨大成小圆球，无色。柄生囊状体 19~22.5×4.5~6 μm，棒形，末端略尖削。

生境｜单生至散生或群生于阔叶林或混交林中地上。

讨论｜我国南北地区都有记录，但是否与原产地的完全一样尚待研究。可以食用。

159 白龟裂红菇

Russula alboareolata Hongo

别名粉粒白红菇。菌盖直径 4.5~8.5 cm，扁半球形、凸镜形但中央微凹；边缘幼时完整且内卷，成熟后边缘伸展，白色、粉白色至粉肉黄色，中部污白色甚至浅黄色，多带青色，湿时黏，常有不明显到稍明显的龟裂，有明显的条纹。菌肉白色至微粉红，伤不变色。菌褶较稀，贴生，白色至粉白色，等长。菌柄长 2.5~4.5 cm，直径 0.8~1.5 cm，近圆柱形，白色。担孢子 6~8×6~7.5 μm，椭圆形至近圆形，具小疣和不完整弱网纹，近无色，淀粉质。

生境｜单生于针叶林、阔叶林或针阔混交林中地上。

讨论｜我国南方地区有报道。食毒未明。

160 花盖红菇

Russula cyanoxantha（Schaeff.）Fr.

别名花盖菇、蓝黄红菇。菌盖直径 5~14 cm，初期扁半球形至凸镜形，后期渐平展，中部下凹至漏斗状；边缘波状内卷；颜色多样，暗紫罗兰色至暗橄榄绿色，后期常呈淡青褐色、绿灰色，往往各色混杂，湿时或雨后稍黏，表皮层薄；边缘易剥离，无条纹，或老熟后有不明显条纹。菌肉白色，在近表皮处呈粉色或淡紫色，气味温和。菌褶直生至稍延生，白色，较密，不等长，褶间有横脉。菌柄长 5~10 cm，直径 1.5~3 cm，肉质，白色，有时下部呈粉色或淡紫色，上下等粗，内部松软。担孢子 7~8.5×6.5~7.5 μm，宽卵圆形至近球形，表面具分散小疣，少数疣间相连，无色，淀粉质。

生境｜夏秋季散生至群生于阔叶林中地上。

讨论｜这是一个分布极广的种类，我国各地均有报道。其颜色多变且不均匀，但往往都带紫色和绿色。可以食用和药用。

161 粉柄红菇（参照种）

Russula cf. *farinipes* Romell

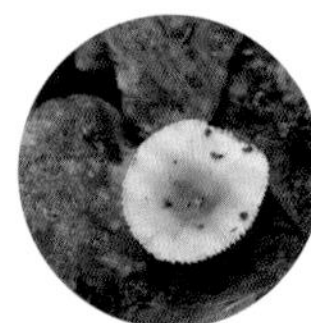

菌盖直径 3~7 cm，初期扁半球形，后平展，中部下凹呈浅漏斗状，表面湿时黏，平滑无鳞片，浅褐黄色或暗茶褐色，中央色深，干后表面全为暗茶褐色；边缘有明显的由小疣组成的条棱。菌肉白色，中部稍厚而靠边缘甚薄。菌褶白色，伤处久后变浅锈褐色，直生，稍密或稍稀，等长或很少有短菌褶，有分叉，褶间具横脉。菌柄长 3~6 cm，粗 0.4~1.4 cm，圆柱状，稍弯曲，白色或浅灰褐色，表面平滑，内部松软至空心。孢子直径 6~8 μm，无色，近球形，有小刺。褶侧囊体 55~60× 7~11 μm，近梭形至近棒状。

生境｜夏秋季在针叶树或阔叶林地上单生或散生。

讨论｜我国主要分布于南方地区。有文献记载可食用，但也有记载有毒。

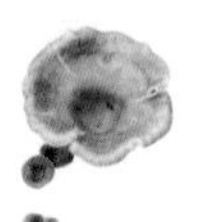

162 可爱红菇（参照种）

Russula cf. *grata* Britzelm

别名拟臭黄红菇。菌盖直径 4~7.5 cm，平展中凹形，黄褐色，中央部分色常较深，黏，光滑无附属物；边缘有颗粒构成的短条纹。菌肉黄白色，具苦杏仁气味或臭味，味道辣。菌褶盖缘处每厘米长 8 片，基本等长，分叉，白色，直生。菌柄长 5~8 cm，近柄顶粗 10~15 mm，中生，圆柱形，基部缩小，有绒毛或基本光滑，有条纹，空心，中部海绵质。担子 38.3~46×10~13 µm，棒形，近无色，2~4 个孢子。孢子直径 7~11 µm，近球形，具棱刺，淡黄色至近无色，淀粉质。

生境｜散生于混交林与阔叶林地上。

讨论｜我国过去多采用另一个名称“拟臭黄红菇 *R. laurocerasi* Melzer”。我国南北多省区均有报道。可爱红菇与点柄黄红菇相似，但后者往往带紫褐色。与可爱红菇相似的种类很多，车八岭的标本是否与原描述于欧洲的可爱红菇完全一致还有待研究。这里暂作参照种处理。据记载可爱红菇有毒。

163 触黄红菇（参照种）

Russula cf. *luteotacta* Rea

菌盖直径 3~7 cm，扁半球形、凸镜形至平展，大红至血红色，中央色略暗，不黏，光滑无附属物至被极微细粉末状绒毛，表皮不易撕离。菌肉近柄处厚 3~3.5 mm，白色，较坚实，味道苦，气味为带点酸的甜酒味；干标本有银翘药丸气味，变黄色。菌褶盖缘处每厘米 16~17 片，基本等长，有横脉和小量分叉，直生，白色，干变黄色，褶缘平滑。菌柄长 2.5~7.3 cm，近柄顶粗 8~13 mm，基本等粗，中生，圆柱形，白色带浅红色，干后白色部分变淡黄色，实心至空心。担子 40~50×8~12 μm，棒形，4 个孢子，无色。孢子 7~9×6~7.5 μm，近球形，具小刺及部分连线，近无色，淀粉质。

生境｜群生于混交林及灌丛的地上。

讨论｜我国南方多省区已有触黄红菇的报道。据记载触黄红菇有毒。

164 点柄黄红菇

Russula senecis S. Imai

别名点柄臭黄菇。菌盖直径 4~10 cm，初期近扁半球形至凸镜形，后期渐平展，平展后中部凹陷；边缘反卷，表面粗糙，具由小疣组成的明显粗条棱，赭黄褐色、污黄色至暗黄褐色，常有紫褐色斑块，稍黏。菌肉浅黄色至暗黄色，具腥臭气味，口感味道辛辣。菌褶直生至稍延生，密，污白色至淡黄褐色；边缘具褐色斑点，等长或不等长。菌柄长 5~9 cm，直径 0.4~1 cm，圆柱形，上下等粗或向下渐细，有时呈近梭形，污黄色、暗褐色或肉桂褐色至带紫褐色，具暗褐色小疣点，内部松软至空心，质地脆。担孢子 8~10×8~9 μm，近球形至卵圆形，具明显刺棱，浅黄色，淀粉质，

生境｜夏秋季单生或群生于针阔混交林中地上。

讨论｜我国许多省区均有报道，南方地区更为常见。点柄黄红菇与可爱红菇 *R. grata* Britzlm 相似，但前者成熟时菌盖和菌柄常带紫褐色，甚至菌褶也变紫褐色，而后者一般不带紫褐色或极不明显。记载有毒。但也有人处理后食用。不建议食用。

165 茶褐红菇（参照种）

Russula cf. *sororia* Fr.

菌盖直径 5~11 cm，初期扁半球形至凸镜形，后期渐平展，中部稍下凹，湿时黏滑，表面光滑，橄榄褐色至灰褐色，中部灰黑色，后期常常褪色；边缘颜色更浅。菌肉白色，味道辛辣，气味明显。菌褶离生，初期白色，后期变为浅奶油色，常具浅褐色至浅红褐色斑点，中部宽，褶幅密，褶间有横脉，不等长。菌柄长 3~6 cm，直径 1~2 cm，圆柱形，上下等粗或向下渐细，初期白色，后期变亮灰褐色，稍被绒毛，内部实心至空心。担孢子 6.5~7.5×5.5~6.5 μm，椭圆形至近球形，表面具小刺或小疣，淡黄色，淀粉质。

生境｜夏秋季单生或群生于林中地上。

讨论｜茶褐红菇在我国南方多省区均有报道，其灰褐色的菌盖及较明显的条纹特征相当明显。车八岭的标本比欧洲的标本菌褶稍稀疏，暂作参照种处理。据记载茶褐红菇可以食用。

166 粉红菇（参照种）

Russula cf. *subdepallens* Peck

菌盖直径 5~11 cm，扁半球形后平展至下凹，老后边缘上翘，粉红色，幼时中部暗红色，老后中部色淡，部分米黄色，黏；边缘有条纹。菌肉白色，老后变灰，薄。味道柔和，无特殊气味。菌褶白色，等长，直生，较稀，褶间具横脉。菌柄长 4~8 cm，粗 1~3 cm，白色，近圆柱形，内部松软。孢子 7.5~10 ×6.5~9 μm，近球形，有小刺并相连。褶侧囊体梭形，顶端渐尖，50~80×7.3~11 μm。

生境｜群生于夏秋季混交林中地上。

讨论｜粉红菇在我国南北地区均有报道。其特点是菌盖由红色渐变为粉红色。据记载粉红菇可以食用。

167 酒色红菇（参照种）

Russula cf. *vinosa* Lindblad

菌盖直径 4~8 cm，扁半球形至平展中凹形，大紫红色，中央较暗至紫红褐色，有时暗紫黑色，干后多少带灰色，不黏，盖缘平滑至具不明显条纹。菌肉近柄处厚 5~10 mm，白色，伤或干后近灰黑色，无味道及气味。菌褶盖缘处每厘米 10~15 片，宽 3~7 mm，白色至乳黄色，干后变灰黑色，基本等长，直生。菌柄长 3~8 cm，近柄顶粗 10~20 mm，圆柱形，白色至部分带淡红色，干后变灰色至黑色。担子 40~55×12~14 μm，棒形，2~4 个孢子。孢子 8.5~10.5×7~9 μm，近球形，有离生小刺，浅黄色，淀粉质。

生境｜单生于混交林和阔叶林地上。

讨论｜我国南方地区有报道。其特点是菌盖紫红褐色，表皮及菌褶常被虫咬。车八岭的标本与欧洲的酒色红菇比较，菌褶稍稀，较白，暂作参照种处理。酒色红菇可以食用。

168 红边绿菇

Russula viridirubrolimbata J. Z. Ying

菌盖直径 5~10 cm，初期近球形至凸镜形，后期渐伸展，中部常稍下凹，不黏，或湿时稍黏，或具斑块状龟裂，浅褐色、棕红褐色，盖缘粉红色至浅珊瑚红色，中部具细纹，表皮不易剥离。菌肉厚，质地坚实，初期脆，后期变软，白色，伤不变色，或伤后变为黄锈色，味道辛辣，气味不明显。菌褶离生至直生，初期白色，后期奶油色，老熟后边缘呈褐色，密，等长，具横脉。菌柄圆柱形，上下基本等粗，白色，中实或内部松软，长 4~9 cm，直径 1~4 cm。孢子印白色。担子 32~48×7~13 μm，近棒形，具 2~4 小梗。担孢子 6~8.6×5.3~7.2 μm，近球形至卵圆形或近卵圆形，表面具小疣，相连可形成不完整的网纹，无色，淀粉质。

生境｜夏秋季群生于阔叶林或针阔混交林中地上。

讨论｜我国华南地区与西南地区有报道，有人认为这个种是变绿红菇 *R. virescens*（Schaeff.）Fr. 的异名，但欧洲的变绿红菇并没有这么明显的红色菌盖边缘。本书作者认为它是一个独立的种。可以食用。

169 裂褶菌

Schizophyllum commune Fr.

别名八担柴、天花菌、白参菌。菌盖宽 5~20 mm，扇形，灰白色至黄棕色，被绒毛或粗毛；边缘内卷，常呈瓣状，有条纹。菌肉白色，韧，无味，厚约 1 mm。菌褶白色至棕黄色，不等长，褶缘中部纵裂成深沟纹。菌柄无或不明显。担孢子 5~7×2~3.5 μm，椭圆形或腊肠形，光滑，无色，非淀粉质。

生境｜散生至群生，常叠生于腐木上或腐竹上。

讨论｜全国各地均有分布。可作食用和药用。

170 球根鸡圾菌

Termitomyces bulborhizus T. Z. Wei, Y. J. Yao, B. Wang & Pegler

别名球根蚁巢伞。菌盖直径 6~15 cm，起初为凸镜形，成熟后呈突起平展形，中央具有一个圆形或钝尖的突出的顶体，菌盖中央为红褐色至黑褐色，其他部分浅褐色至褐色，并向边缘逐渐变浅，表面粗糙；成熟后菌盖边缘平直或上翘，常开裂。菌褶离生，幼年时白色，成熟后变为粉红色。菌柄长 4~12 cm，粗 1.2~2.2 cm，在地面处及以下处膨大至宽 2.8~5.5 cm，并通常在近土表部分多呈纺锤状膨大，中生；菌柄表面白色，至球状物处略带浅褐色，具有同色的长存而明显的鳞片状的绒毛，中实，纤维质，下部连以细长的假根，假根长距随蚁巢之埋土深浅而异；菌柄纤维质，表面常具多条纵裂。担子 17~20×6~8 μm，棒形，光滑，透明。担孢子 6~9×4~6 μm，卵圆形至椭圆形，半透明，薄壁。

生境 | 生于林缘或耕地中白蚁巢上，菌柄的假根与白蚁巢相连。

讨论 | 我国华南地区与西南地区有分布。美味的食用菌。

171 小鸡枞菌

Termitomyces microcarpus（Berk. & Broome）R. Heim

别名小蚁巢伞、小果蚁巢伞、小果鸡纵菌。菌盖直径 1~2.5 cm，扁半球形至平展，白色至污白色，中央具有一颜色较深的圆钝突起，边缘常反翘。菌肉白色。菌褶离生，白色至淡粉红色。菌柄长 2~5 cm，直径 2~4 mm；假根近圆柱状，白色至污色。担孢子 6.5~8×4.5~5.5 µm，椭圆形，光滑，无色，非淀粉质。

生境｜夏季生于热带和亚热带近地表或被败坏过的白蚁巢穴附近或路边。

讨论｜我国黄河以南多数省区有分布。美味的食用菌。

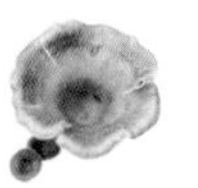

172 黑柄四角孢伞

Tetrapyrgos nigripes（Fr.）E. Horak

别名黑柄微皮伞。菌盖直径 5~10 mm，扁平至平展，淡灰色，中央暗褐色至近黑色、下陷；边缘有辐射状沟纹。菌肉薄，灰白色。菌褶直生至稍延生，灰白色，稍稀。菌柄长 10 mm，直径 0.5~1 mm，近圆柱形，暗灰色至黑色，顶端近白色。担孢子宽 8~9 μm，3~5 叉，多数 4 叉，叉长达 7 μm，直径达 4 μm，无色，非淀粉质。

生境｜夏季生于热带和亚热带林中腐树枝上。

讨论｜我国热带亚热带地区有分布。主要特点是菌柄黑色，孢子有 3~5 个方向的突起。我国可能有不止一个的近似种。食毒未明。

173 白毛草菇（参照种）

Volvariella cf. *hypopithys*（Fr.）M. M. Moser

菌盖直径 3~4 cm，初期钟形至半球形，开展后凸镜形，常中部突起，白色至污白色，老后可带担孢子的粉红色，有长纤毛，有不明显至明显条纹。菌肉白色至污白色。菌褶离生，稍密，浅粉肉色至粉红色，不等长。菌柄长 5~9 cm，直径 0.5~0.8 mm，圆柱形，白色，内部实心至松软，基部膨大。菌托白色，近苞状至杯状。担孢子 5~9×4~6 μm，椭圆形至卵圆形，光滑，浅粉红色。

生境｜夏秋季单生至散生于草地或林中地上。

讨论｜白毛草菇在我国多地有报道，但车八岭的标本与欧洲白毛草菇比较，菌盖上的毛相对短些，分类学上介于白毛草菇与雪白草菇 *V. nivea* T. H. Li & Xiang L. Chen 之间，这里暂作白毛草菇的参照种处理，待有更多新鲜标本时再作深入研究。食毒未明。

牛肝菌

174 栗色金牛肝菌

Aureoboletus marroninus T. H. Li & Ming Zhang

菌盖直径 13~22 mm，初期钝圆形、凸镜形，后期渐近平展，新鲜时表面胶黏，表面红棕色、棕褐色至栗褐色，向边缘颜色略变淡，表面明显的皱缩，通常中部常形成深褐色不规则的网纹；边缘近平展，常附着黄白色至透明的菌幕残余。菌肉厚 2~3 mm，肉质，成熟后柔软，白色，盖皮层下呈紫红色至洋红色，伤不变色或略变淡紫色。菌管长 4~5 mm，初期黄白色，渐变淡黄色、粉黄色至橄榄黄色，常带有橄榄绿色调。菌孔直径 0.5~0.8 mm，角形，近柄处下凹，管口变大，与菌管同色，伤不变色。菌柄长 13~20 mm，粗 2~4 mm，中生，圆柱形至棒状，实心，上下等粗或向基部稍变大，淡红色、粉红色至紫红色，表面光滑无网纹，黏或较黏，基部菌丝白色。无明显的气味和味道。担子 20~23×8~10 μm，4 孢子，棒状。担孢子 8~10×4~5 μm，椭圆形，光滑，在 5% 氢氧化钾液中呈黄白色至透明，在 Melzer 氏液中呈黄棕色至深棕色，薄壁。

生境｜夏秋季单生或散生于混交林中地上。

讨论｜广东车八岭是这个种的模式产地。食毒未明。

175　纺锤孢南方牛肝菌

Austroboletus fusisporus（Kawam. ex Imazeki & Hongo）Wolfe

菌盖直径 1.5~3.5 cm，初近球形，后近圆锥形至平展，中央常突起，干或稍黏，灰褐色至黄褐色，有小鳞片；边缘明显延伸，有灰白色菌幕残片悬垂。菌肉白色，伤不变色。菌管长 3~9 mm，初粉白色或灰粉色，渐变为淡紫红色至淡紫褐色，近柄处下凹至离生。孔口直径 1.5~2 mm，多角形，与菌管同色。菌柄长 3~8 cm，直径 0.3~0.5 cm，圆柱形，湿时黏，与菌盖同色，具明显突起的纵向网纹，有褐色绒毛状鳞片，实心，基部菌丝体白色。担孢子 13~17.5×7~9 μm，纺锤形，中部有疣状突起，两端近平滑，黄棕色至淡棕褐色。

生境｜夏秋季单生或散生于针阔混交林中地上。

讨论｜我国南方多省区有报道。食毒未明。

牛肝菌

176 木生条孢牛肝菌

Boletellus emodensis（Berk.）Singer

菌盖直径 4.5~9 cm，扁平至平展，紫色至暗红色，成熟后裂成大的鳞片；边缘有菌幕残余。菌肉淡黄色，伤后变蓝色。菌管与孔口黄色，伤后变蓝色。菌柄长 6~8 cm，直径 0.6~1 cm，圆柱形，顶部淡黄色，下部与菌盖同色，无网纹。担孢子 18~23×8~10 μm，长椭圆形至近梭形，侧面观有 7~9 条纵脊。

生境｜夏秋季生于林中腐树桩或腐木上。

讨论｜我国南北地区都有报道，较常见，有文献记载可食。与某些有毒种类相似，慎食。

177 松林小牛肝菌

Boletinus pinetorum（W. F. Chiu）Teng

菌盖直径 3~8 cm，近半球形至平展，红褐色至淡褐色，光滑，湿时胶黏。菌管延生，淡黄色，伤不变色。孔口较大，呈复式辐射状排列。菌柄长 3~7 cm，直径 0.5~1 cm，圆柱形，与菌盖同色或稍淡，顶端淡黄色，有褐色细小鳞片。担孢子 7~9×3~4 μm，长椭圆形，光滑。菌盖皮层菌丝直立。

生境 | 夏秋季生于针叶林中地上。

讨论 | 我国南北地区均有报道，多见于南方地区。记载有毒，但也有记载可食。慎食。

178 青木氏牛肝菌

Boletus aokii Hongo

菌盖直径 0.9~2.5 cm，凸镜形至近平展，初期红色至紫红色，成熟时呈红褐色，有时带青褐色，干，微具绒毛。菌肉厚 2~3 mm，淡黄色，伤后变蓝色。菌管直生至稍下延，黄色或稍带青黄色，伤后变蓝色。孔口多角形，近柄处可呈小褶片状，呈不明显放射状排列，与菌管同色，伤后变蓝色。菌柄长 1~2.2 cm，直径 0.2~0.3 cm，圆柱形，有弱纤维状条纹或微被麸糠状颗粒，红色至微紫红色，下端稍呈黄色。担孢子 8~13×3.8~5.2 μm，椭圆形至近棒状，光滑，黄棕色至略带橄榄绿色。

生境｜夏秋季单生或散生于阔叶林中地上。

讨论｜我国南方地区有分布，在车八岭较常见。毒性未明。

179 小橙黄牛肝菌

Boletus miniatoaurantiacus C. S. Bi & Loh

菌盖直径 1.2~4 cm，扁平锥形至平展，橙黄色至茶褐色或黄褐色，微黏或干，表面有时不平，被白色绒毛；边缘延伸。菌肉近柄处厚 2~5 mm，黄白色，伤时不变色或略变深，近边缘处消失，无味道或有松香味。菌管长2~6 mm，表面黄色至肉红色，伤不变色，管里与管表同色；菌管不易剥离，直生或短延生至柄周下陷。菌孔每毫米2~4个，角形。菌柄长2~5 cm，近柄顶处粗 2~7 mm，中生，圆柱形，直或有时弯曲，红褐色至淡紫褐色，上有绒毛，并有条纹，纤维质，实心。担子 20~32×7~11 μm，棒形，无色至淡黄色，4 个孢子。孢子 8~13×3.5~5 μm，椭圆形，光滑，淡黄色至淡黄褐色，非淀粉质，孢壁淀粉质，内含 1~2 个油球。

生境｜散生至群生或丛生于混交林的地上。

讨论｜广东是这个种的模式产地。食毒未明。

180 辐射辣牛肝菌

Chalciporus radiatus Ming Zhang & T. H. Li

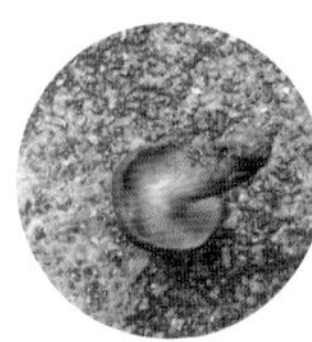

菌盖直径 1~3 cm，初期半球形，后渐凸镜形至近平展，肉质，表面干，光滑至有微绒毛，幼时橙灰色、红灰色至淡棕色，成熟后渐变灰黄色、橙灰色、棕灰色至橙棕色；边缘薄，初期内卷。菌肉近柄处厚 5~8 mm，软，淡黄色至苍黄色，伤后变蜡黄色至亮黄色。菌管长 3~4 mm，延生至近延生，初期橙色至粉红色，渐变淡黄棕色、棕色至红棕色，伤不变色。管口直径 1~2 mm，圆形至不规则形，幼时呈放射状排列，成熟后分化成近褶状，中部有低的横脉相连，管口与菌管同色，伤不变色。菌柄长 3~4 cm，直径 3~8 mm，中生，圆柱形至棒状，实心，上下等粗或向基部渐细，表面黄色、淡黄红色至红棕色，密被棕色至红棕色腺点；菌柄菌肉白色至淡黄色，伤后变鲜黄色；基部菌丝鲜黄色；气味和味道不明显。担子 18~23×6~8 μm，4 孢子，棒状，黄白色至透明。担孢子 7~8×3~4 μm，纺锤形，圆柱形至椭圆形，光滑，薄壁，在氢氧化钾液中呈淡黄色至黄棕色，在 Melzer 氏液中呈黄棕色至深棕色。

生境 | 夏秋季单生或散生于杉树、青冈及华南栲等混交林下地上。

讨论 | 目前仅在湖南和广东两省有发现。食毒未明。

181 金橙牛肝菌

Crocinoboletus rufoaureus（Massee）N. K. Zeng, Zhu L. Yang & G. Wu

别名金红牛肝菌。菌盖直径 4.5~ 12 cm，初中凸，呈半圆形，后微平展，但不反翘。盖表有微小毛绒或细纤维覆盖，后期光滑，橘红色、深砖红色、粟红色。盖肉厚 1.5~2.2 cm，菌肉姜黄色、深橙黄色，伤后呈深褐色黄色，形成深褐黄色条纹，有虫蚀孔道。后期微呈蓝褐色，菌肉生尝微涩，闻之有灵芝菌肉清苦气味。菌管金黄色，孔口每厘米 16~20 个，深红色、锈红色，伤后呈褐红色、黑红色。菌柄 7~13×1.1~1.9 cm，长棒状，近等粗，橘黄色、砖红色、褐红色，有粗糙的颗粒状物，无明显的网纹。担子 18~24×9~10 μm，短棒状。担孢子 11~14×4~5 μm，长纺锤形，橄榄黄色。

生境｜多生于热带阔叶树下。

讨论｜目前仅在我国南方地区有报道。食毒未明。

182 日本网孢牛肝菌

Heimioporus japonicus（Hongo）E. Horak

菌盖直径 3~11 cm，半球形至平展，紫红色至暗红色，光滑或具有微细绒毛。菌肉近柄处厚 5~8 mm，白色至淡黄色，伤不变色或微变蓝色。菌管长 3~6 mm，在菌柄周围稍下陷，黄色至黄绿色，伤不变色或微变蓝色。孔口小，多角形。菌柄长 6~12 cm，直径 0.6~1.6 cm，圆柱形，与菌盖同色，但顶端靠近菌管处与菌管颜色相同，有明显的网纹状疣突，实心，基部有白色菌丝体。担孢子 11~14×7~8 μm，椭圆形至近椭圆形，壁上具有明显的网格状纹，淡黄色。

生境｜夏秋季散生于阔叶林或针阔混交林中地上。

讨论｜我国多省区有报道，常见于南方地区。有毒！

183 兰茂牛肝菌

Lanmaoa asiatica G. Wu & Zhu L. Yang

菌盖直径 5~16 cm，厚 1~3 cm，扁半球形至宽凸形，浅粉肉桂色、暗红色至浅土黄色、红色，或具微绒毛。菌肉受伤处变蓝色。子实层波状，厚达菌盖组织的 1/4~1/3 处，表面与管显浅黄色，伤变浅蓝色至蓝色。菌管长 3~6 mm，孔口每毫米 1.5~3 个。不规则近圆形，伤变蓝色。菌柄长 8~10 cm，粗 1.2~4 cm，近圆柱形，倒棍棒形，有时基部球状，淡黄色，顶端灰红棕色至灰红色，有时上部具有网纹，鸡黄色，较菌盖颜色深，伤处变淡蓝色至深蓝色。基部菌丝黄白色。担子 24~52×6~12 μm，棍棒形，具有 4 个孢子，有时 1~2 个孢子。担孢子 8.5~13×4~6 μm，侧面呈近梭形至肾形，俯视呈椭圆形、纺锤形至卵形，棕黄色，光滑，弱淀粉质。

生境｜散生于混交林中地上。

讨论｜目前仅在我国云南、广东等南方地区有发现。毒性未明。

184 美丽褶孔牛肝菌

Phylloporus bellus（Massee）Corner

菌盖直径 4~6 cm，扁平至平展，被黄褐色至红褐色绒状鳞片。菌肉米色至淡黄色，伤不变色或稍变蓝色。菌褶延生，稍稀，黄色，伤后变蓝色。菌柄长 3~6 cm，直径 0.5~0.7 cm，圆柱形，被绒毛，黄褐色至红褐色，基部有白色菌丝体。担孢子 9~12×4~5 μm，长椭圆形至近梭形，光滑，青黄色。菌盖表皮由栅状排列、直径 6~20 μm 的菌丝组成。

生境｜生于针阔混交林中地上。

讨论｜我国南方地区较常见，北方地区未见报道。可以食用。

185 假南牛肝菌

Pseudoaustroboletus valens（Corner）Y. C. Li & Zhu L. Yang

别名粗壮粉孢牛肝菌。菌盖直径 5~10 cm，凸镜形至平展，灰色至灰褐色，干至黏。菌肉近柄处厚 16 mm，白色，伤不变色。菌管灰白色、白色至淡粉红色，近柄处稍下凹，近直生。孔口圆形，灰白色，伤不变色至变灰褐色。菌柄长 2.8~12 cm，直径 1.5~2.5 cm，圆柱形，顶端有菌管下延形成的棱纹，有明显突起的网纹，灰白色至白色，伤不变色至变褐色，基部有白色菌丝体。担孢子 12.5~15.5×4~5.5 μm，椭圆形至近棱形，光滑，淡粉黄色至近无色。

生境｜夏秋季单生或散生于常绿阔叶林和针阔混交林中地上。

讨论｜我国仅见于南方地区。食毒未明。

186　疸黄粉末牛肝菌

Pulveroboletus icterinus（Pat. & C. F. Baker）Watling

菌体初期陀螺形，有发达的粉末状外菌膜。菌盖直径 2~5.5 cm，扁半球形至凸镜形，覆有硫黄色粉末外菌膜，有时部分带灰硫黄色，可裂成块状。菌幕从盖缘延伸至菌柄，硫黄色，粉末状，破裂后残余物部分挂在菌盖边缘，部分附着在菌柄形成易脱落的粉末状菌环。菌肉黄白色，伤后变浅蓝色。菌管短延生或弯生，橙黄色、粉黄色至淡肉褐色，伤后变青绿色、蓝褐色或蓝绿色。孔口多角形。菌柄长 2~7.5 cm，直径 6~8 mm，中生至偏生，圆柱形，上粗下细，有硫黄色粉末，伤后变蓝灰色至蓝色。菌环上位，硫黄色，易脱落。担孢子 8~10×3.5~6 μm，椭圆形，光滑，浅黄色。

生境｜夏秋季单生于针阔混交林中地上。

讨论｜我国分布于华南地区。疸黄粉末牛肝菌与黄粉末牛肝菌 *P. ravenelii*（Berk. & M. A. Curtis）相似，但菌体及孢子都较小；又与褐糙粉末牛肝菌 *P. brunneoscabrisus* Har. Takah. 相似，但后者菌盖往往有橙色、橙红色或橙褐色鳞片。有毒！

187 黑网柄牛肝菌

Retiboletus nigerrimus（R. Heim）Manfr. Binder & Bresinsky

菌盖直径 5~14 cm，扁球形、凸镜形至近平展，暗灰色、灰褐色至灰黑色，光滑至被细微绒毛。菌肉污白色至浅灰绿色，伤后变浅灰色或暗灰色至蓝灰色和黑色。菌管长 5~8 mm，灰白色、淡灰绿色至浅褐色带粉红色，伤后变蓝灰色至灰黑色，近柄处稍下凹，弯生至离生。孔口小，近多角形，近白色、灰白色至与菌管同色，伤后变蓝灰色至灰黑色。菌柄圆柱形，初期近白色至黄白色，后期变浅绿褐色至淡灰绿色，有粉末状绒毛，具明显粗网纹，伤后变黑色，实心。菌柄长 4~18 cm，直径 1~2.5 cm，基部常稍膨大，向地下延伸呈假根状。担孢子 8.5~11.5×3.5~4.5 μm，长椭圆形至近梭形，光滑，淡黄色。

生境 | 夏秋季单生或散生于阔叶林或针阔混交林中地上。

讨论 | 我国南方多省区有报道。有毒！

188 玉红牛肝菌

Rubinoboletus balloui（Peck）Heinem. & Rammeloo

菌盖直径 3~7 cm，突起至近平展，橙红色、红褐色至橙褐色，光滑或具微绒毛状，干。菌肉厚 1~2 cm，白色至淡黄色，伤不变色。菌管较短，长 1~3 mm，淡黄色，成熟后颜色加深，稍带粉色，直生或稍弯生。孔口多角形，与菌管同色。菌柄长 3~6 cm，直径 1.5~3.6 cm，圆柱形，实心，黄色至淡橙红色，有不明显的网纹或纵条纹，上下近等粗或向基部稍膨大，基部菌丝体白色。担孢子 5~7×4~5 μm，较小，宽椭圆形至卵圆形，薄壁，光滑，淡粉红色。

生境｜夏秋季生于林中地上。

讨论｜广东较为常见，我国多见于南方地区。可以食用。

189 黏盖乳牛肝菌

Suillus bovinus（L.）Roussel

别名黏盖牛肝菌。菌盖直径 3~10 cm。半球形，后平展、边缘薄，初内卷、后波状，土黄色、淡黄褐色，干后呈肉桂色，表面光滑，湿时很黏，干时有光泽，菌肉淡黄色。菌管延生，不易与菌肉分离，淡黄褐色。管口宽 0.7~1.3 mm，复式，角形或常常放射状排列，常呈齿状。菌柄长 2.5~7 cm，粗 0.5~1.2 cm，近圆柱形，至基部稍粗，光滑，无腺点，通常上部比菌盖色浅，下部呈黄褐色。孢子 7.8~9 ×3~4 μm，长椭圆形、椭圆形，平滑，淡黄色。缘生囊体 15.6~26× 5 μm，无色或淡黄色和淡褐色，簇生。

生境｜夏秋季丛生或群生于松林或其他针叶林中地上。

讨论｜我国南北地区均有报道。可以食用和药用。

190 点柄乳牛肝菌

Suillus granulatus（L.）Roussel

别名点柄黏盖牛肝菌、栗壳牛肝菌。菌盖直径 4~10 cm，扁半球形或近扁平，有时也呈圆柱形，后变为凸镜形，淡黄色或黄褐色，黏，新鲜时橘黄色至褐红色，干后有光泽，变为黄褐色至红褐色；边缘钝或锐，内卷。菌肉新鲜时奶油色，后淡黄色。菌管直生或稍延生，黄白色至黄色。孔口新鲜时浅黄色至黄色，干后变为黄褐色。菌柄长 3~10 cm，直径 0.8~1.6 cm，近圆柱形，初期上部浅黄色至黄色，有腺点，中部褐橘黄色，基部浅黄色至黄色。担孢子 6.5~9.5×3.5~4 μm，椭圆形，光滑，黄褐色。

生境｜夏秋季散生、群生或丛生于松树林或针阔混交林中地上。

讨论｜我国南北地区都有报道，常见种。可以食用和药用。

191 褐红粉孢牛肝菌

Tylopilus brunneirubens（Corner）Watling & E. Turnbull

菌盖直径 4~12 cm，厚 0.7~2 cm，近平展，中央无明显突起，盖表具散生的颗粒状突起，后脱落，深红色、深肉桂红色、枣红色，盖缘色较谈。菌肉色淡，近粉白色或粉红色，伤后变色不明显。菌孔管长 0.5~1.2 cm，孔口每厘米有 10~20 孔，初淡红色，后深红色。菌管髓菌丝平行，有较狭的中心束，不两叉分，或微有离轴倾向。菌柄 6~11×0.5~1.8 cm，短棒状，红色、枣红色，被有更深红的麸糠状颗粒，不规则散生，后易脱落，无明显网络。担子长棒状，25~35×7~9 µm。侧缘囊状体 65~80×6~16 µm。担孢子 9~12.5×3.7~4.5 µm，椭圆形，不呈棒状，橄榄褐色，或近肉桂色。

生境｜生于亚洲热带季雨林的豆科植物林下。

讨论｜广东与云南等南方地区有报道。食毒未明。

192 类铅紫粉孢牛肝菌

Tylopilus plumbeoviolaceoides T. H. Li, B. Song & Y. H. Shen

菌盖直径 3~11 cm，半球形至平展，深紫色或紫色带棕色至栗褐色，颜色变化较大，易随生长环境及成熟程度变化，湿时黏，光滑至稍带微绒毛。菌肉近柄处厚 3~8 mm，白色至近白色，伤后变粉红色至淡紫红色，味道极苦。菌管长 6~12 mm，初时灰白色至粉白色，渐变粉色至浅紫褐色，伤不变色或稍变粉褐色，近柄处下凹，离生至微弯生或延生。孔口每毫米 1 个，多角形。菌柄长 4~9 cm，直径 0.5~1.2 cm，圆柱形，与菌盖同色，光滑或顶部稍带纵条纹或细网纹，基部有白色菌丝体。担孢子 8.3~10.6×3~4.2 μm，长椭圆形、椭圆形至近梭形，光滑，近无色至淡粉棕色。

生境｜春季散生至群生于壳斗科树林中地上。

讨论｜广东是这个种的模式产地，云南等地也有报道。很苦，不能食用。可能有毒。

腹菌

193 小灰球菌

Bovista pusilla（Batsch）Pers.

别名小静灰球菌、小静马勃、小马勃。菌体直径 1~2.5 cm，近球形至球形，白色、黄色至浅茶褐色，老时暗褐色，无不育基部，基部具根状菌索。包被分为两层，外包被上有细小且易脱落的颗粒；内包被光滑，成熟时顶端开一小口。孢体蜜黄色至浅茶褐色。担孢子直径 3~4.5 μm，球形，浅黄色，近光滑，有时具短柄。孢丝浅黄色，有分枝。

生境｜夏秋季生于林中地上或草地上。

讨论｜我国南方地区较为常见，过去多采用小马勃 *Lycoperdon pusillum* Batsch 的名字。幼时可以食用，药用菌。

194 粟粒皮秃马勃

Calvatia boninensis S. Ito & S. Imai

菌体直径 3~8 cm，近球形或近陀螺形，不育基部通常宽而短，表皮细绒状，龟裂为栗色、褐红色或棕褐色细小斑块或斑纹。包被褐色，成熟开裂时上部易消失，柄状基部不易消失。内部产孢组织幼时白色至近白色，后变黄色，呈棉絮状，成熟后孢粉暗褐色。担孢子 4~5.5×2.5~3.3 μm，宽椭圆形至近球形，有小疣，淡青黄色。

生境｜夏秋季单生或群生于林中腐殖质丰富的地上。

讨论｜粟粒皮秃马勃在我国南北地区均有报道，幼时可以食用。车八岭的标本孢子明显比较窄小，有可能与原描述于日本的粟粒皮秃马勃有所不同。暂作参照种处理。可以食用。

195 袋形地星

Geastrum saccatum Fr.

菌蕾直径 1~3 cm，高 1~3 cm，扁球形、近球形、卵圆形、梨形，顶部呈喙状。基部具根状菌索。外包被污白色至深褐色，具不规则皱纹、纵裂纹，并生有绒毛；成熟后开裂成 5~8 片瓣裂，肉质，较厚；基部袋状。内包被扁球形，深陷于外包被中，顶部呈近圆锥形，产孢组织中有囊轴。担孢子直径 3~4×2.8~4.2 μm，球形至近球形，褐色，有疣突，稍粗糙。

生境 | 夏秋季生于阔叶林和针阔混交林中地上，有时也生于林缘的空旷地上。

讨论 | 全国各地均有分布。药用菌。

196 网纹马勃

Lycoperdon perlatum Pers.

别名网纹灰包。菌体直径 2.5~3.5 cm，倒卵形至陀螺形，表面覆盖疣状和锥形突起，易脱落，脱落后在表面形成淡色圆点，连接成网纹，初期近白色或奶油色，后变灰黄色至黄色，老后淡褐色。不育基部发达或伸长如柄。担孢子直径 3.5~4 μm，球形，壁稍薄，具微细刺状或疣状突起，无色或淡黄色。

生境｜夏秋季群生于针叶林或阔叶林中地上，有时生于腐木上或路边的草地上。

讨论｜全国各地均有分布。幼时可食。药用菌。

197　黄裙竹荪

Phallus multicolor（Berk. & Broome）Cooke

别名黄裙鬼笔。菌蕾直径 3~3.8 cm，高 4~5 cm，卵形至近球形，奶油色至污白色，无臭无味，成熟后具菌盖、菌裙和菌柄。菌盖高可达 4 cm，基部直径可达 4 cm，钟形，顶端圆盘形。突起的网格边缘橘黄色至黄色，网格内具恶臭味暗褐色的黏液状孢体。菌柄基部具根状菌索，基部直径可达 3 cm，初期白色，后期浅黄色，新鲜时海绵质，空心，干后纤维质，长可达 11 cm。担孢子 3~3.9×1.4~1.9 μm，长椭圆形至短圆柱形，无色，壁稍厚，光滑，非淀粉质，弱嗜蓝。

生境｜春夏季散生至群生于竹林下，偶尔也生于阔叶树林下。

讨论｜我国南方地区分布较广。通常认为有毒，但也有人清洗后煮食。

198 暗托竹荪（暂定名）

Phallus sp.

别名暗托鬼笔。菌蕾直径 3~4.5 cm，球状至近球状，深棕色至黑色，无环纹或轻微环纹，具白色至浅黄色的棘刺，纵剖开后浅棕色至棕绿色或橄榄绿色，并有污白色的夹层。成熟时包被开裂形成菌托。菌体由菌盖、菌柄、菌裙和深色带刺的菌托组成，高 8~16 cm。菌盖长 2.2~4 cm，宽 1~2 cm，圆锥状至钟状，具明显的皱纹，顶部穿孔。孢体覆盖于菌盖表面，深绿棕色至橄榄绿棕色，黏液状，孢体去除后可露出白色菌盖，菌柄长 12~14 cm，粗 1.5~2 cm，圆柱状至梭状，污白色至雪白色，中空，通常具双层壁的小腔。菌裙粗糙网格状，白色，下垂至菌柄 3/4 处或 1/2 处，网孔多边形。菌托宽 3~4 cm，球形至微倒卵圆形，暗褐色至黑色，具白色至浅黄色或暗褐色棘刺。孢子 2.8~3.9×1.1~1.8 μm，圆柱状至长椭圆状、杆形或肾形，直或弯，呈透明、亮橄榄绿色，非淀粉质，薄壁，光滑。孢体菌丝直径 2~7 μm，透明，薄壁，分枝。菌裙菌丝直径 32~45 μm，球状至近球状，不规则的囊泡状，薄壁。菌托菌丝直径 2~3.6 μm，具锁状联合。

生境 | 7—9 月单生或散生于中华栲、木荷为主的阔叶林地上。

讨论 | 目前仅在广东车八岭等地有发现。民间一般当作长裙竹荪食用。

腹菌

199 黄硬皮马勃

Scleroderma sinnamariense Mont.

菌体直径 2.5~5 cm，球形至不规则扁球形，有较发达的柄部。包被厚约 1 mm，新鲜时较脆，干燥标本的包被近纸质但比较坚韧，顶端开裂，裂缝不规则。包被表面早期深黄色，干燥以后的标本变成蜡黄色至乳黄色。孢体早期苍白色，后变暗褐色带紫罗兰色，破碎后呈粉末状。菌髓片不明显。担孢子直径 2.5~7.5 μm，圆球形，褐色，表面有小刺及少量网纹。

生境｜散生或丛生于阔叶林内地上，喜沙质土壤。

讨论｜我国华南地区有分布。可能有毒。

黏菌

黏菌

200 鹅绒菌

Ceratiomyxa fruticulosa（O. F. Müll.）T. Macbr.

菌体高 1~8 mm，常常白色，从生直立的柱形，树枝状分叉，或疏或密，或互相联结，较少为平展而无直立枝。基质层常常扩展，或有时产生孢子。孢子 8~13×6~8 μm，生在纤细的小梗顶上，形状大小差异较大，多数卵圆形或椭圆形，有时球形或近球形，成堆时白色，无色透明。原生质团水状，带黄色、粉色、杏黄色或绿色。

生境｜一般生于腐木上，有时也生于落叶和其他植物残体上。

讨论｜全国各地均有分布。鹅绒菌属于黏菌，不属于真菌，但形态与真菌有相似之处，传统上由真菌学家研究，故收录于本书。不能食用。

参考文献

毕志树，李泰辉，章卫民，等，1997．海南伞菌初志 [M]．广州：广东高等教育出版社，1-388.

毕志树，郑国扬，李泰辉，等，1990．粤北山区大型真菌志 [M]．广州：广东科技出版社，1-450.

毕志树，李泰辉，郑国扬，等，1984．我国鼎湖山的担子菌类 [J]．Ⅲ．牛肝菌科的种之二．菌物学报，3（4）：199-206.

毕志树，李泰辉，郑国扬，1986. 裸伞属的两个新种 [J]．真菌学报，5（2）：93-98.

毕志树，李泰辉，郑国扬，1990．樟栋水—车八岭自然保护区大型真菌名录 [J]．生态科学，2：139-148.

毕志树，陆大京，郑国扬，1982．我国鼎湖山的担子菌类 [J]．Ⅱ．牛肝菌科的种之一．云南植物研究，4（1）：55-64.

毕志树，李泰辉，郑国扬，1987．樟栋水—车八岭自然保护区大型真菌资源调查 [J]．食用菌，2：1-2.

毕志树，郑国扬，李泰辉，1994．广东大型真菌志 [M]．广州：广东科技出版社，1-879.

陈升明，何一正，徐希世，等，1999．关刀溪大型真菌（Ⅰ）[M]．台中：中兴大学，1-127.

陈升明，何一正，徐希世，等，2000．关刀溪大型真菌（Ⅱ）[M]．台中：中兴大学，1-109.

陈升明，何一正，徐希世，等，2002．关刀溪大型真菌（Ⅳ）[M]．台中：中兴大学，1-109.

陈涛，缪绅裕，廖文波，等，1992．广东车八岭自然保护区植物区系地理研究 [J]．生态科学，4：1-28.

陈锡沐，张常路，李秉滔，1994．车八岭国家级自然保护区种子植物区系研究 [J]．广西植物，14（4）：321-333.

崔宝凯，赵长林，李海蛟，等，2010．广东车八岭自然保护区多孔菌研究（英文）[J]．菌物学报，29（6）：834-840.

戴贤才，李泰辉，1994．四川省甘孜州菌类志 [M]．成都：四川科学技术出版社，1-341.

戴玉成，杨祝良，2008．中国药用真菌名录及部分名称的修订 [J]．菌物学报，27（6）：801-824.

戴玉成，周丽伟，杨祝良，等，2010．中国食用菌名录 [J]．菌物学报，29（1）：1-11.

邓叔群，1963．中国的真菌 [M]．北京：科学出版社，1-808.

郭良栋，2012．中国微生物物种多样性研究进展 [J]．生物多样性，20（5）：572-580.

黄久香，庄雪影，2000．车八岭苗圃三种国家二级保护植物的菌根研究 [J]．华南农业大学学报，21（2）：38-41.

黄年来，1998．中国大型真菌原色图鉴 [M]．北京：中国农业出版社，1-158.

贾春生，刘发光，2010．车八岭国家级自然保护区森林昆虫病原真菌初报 [J]．西北林学院学报，25（5）：108-111.

李建宗，胡新文，彭寅斌，1993．湖南大型真菌志 [M]．长沙：湖南师范大学出版社，1-418.

李泰辉，章卫民，宋斌，等，1998．鼎湖山的大型真菌概况 [J]．热带亚热带森林生态系统研究，8：215-

222.

李泰辉，宋斌，2002. 中国牛肝菌分属检索表 [J]. 生态科学，21（3）：240-245.

李泰辉，宋斌，2002. 中国食用牛肝菌的种类及其分布 [J]. 食用菌学报，9（2）：22-30.

李泰辉，宋斌，2003. 中国牛肝菌已知种类 [J]. 贵州科学，21（1-2）：78-86.

李玉，李泰辉，杨祝良，等，2015. 中国大型菌物资源图鉴 [M]. 北京：科学出版社，1-1351.

李玉，图力古尔，2003. 中国长白山蘑菇 [M]. 北京：科学出版社，1-362.

李跃进，2011. 车八岭国家级自然保护区大型真菌多样性研究 [D]. 长春：吉林农业大学园艺学院，1-83.

林晓民，李振岐，侯军，2005. 中国大型真菌的多样性 [M]. 北京：中国农业出版社，1-295.

林晓民，李振岐，侯军，等，2005. 大型真菌的生态类型 [J]. 西北农林科技大学学报（自然科学版），33（1）：89-93.

卢其明，林琳，庄雪影，等，1997. 车八岭不同演替阶段植物群落土壤特性的初步研究 [J]. 华南农业大学学报，18（3）：48-52

马克平，钱迎倩，王晨，1995. 生物多样性研究的现状与发展趋势 [J]. 科技导报，13（1）：27-30.

卯晓岚，1995. 南峰地区大型真菌区系. 见：李渤生主编. 南迦巴瓦峰地区生物 [M]. 北京：科学出版社，118-192.

卯晓岚，2000. 中国大型真菌 [J]. 郑州：河南科学技术出版社，1-719.

卯晓岚，蒋长坪，欧珠次旺，1993. 西藏大型经济真菌 [J]. 北京：北京科学技术出版社，1-651.

裘维蕃，1998. 中国菌物大全 [M]. 北京：科学出版社，1-1124.

邵力平，项存悌，1997. 中国森林蘑菇 [M]. 哈尔滨：东北林业大学出版社，1-652.

宋斌，邓旺秋，2001. 广东鼎湖山自然保护区大型真菌区系初析 [J]. 贵州科学，19（3）：43-49.

宋斌，李泰辉，章卫民，等，2001. 广东南岭大型真菌区系地理成分特征初步分析 [J]. 生态科学，20（4）：37-41.

宋宗平，张明，李泰辉. 淡蜡黄鸡油菌——中国食用菌一新记录 . 食用菌学报，24（1）：98-102.

苏志尧，刘刚，区余端，等，2010. 车八岭山地常绿阔叶林冰灾后林木受损的生态学评估 [J]. 植物生态学报，34（2）：213-222.

图力古尔，陈今朝，王耀，等，2010. 长白山阔叶红松林大型真菌多样性 [J]. 生态学报，30（17）：4549-4558.

图力古尔，李玉，2000a. 大青沟自然保护区大型真菌区系多样性的研究 [J]. 生物多样性，8（1）：73-80.

图力古尔，李玉，2000b. 大青沟自然保护区大型真菌群落多样性的研究 [J]. 生态学报，20（6）：986-991.

图力古尔，王耀，范宇光，2010. 长白山针叶林带大型真菌多样性 [J]. 东北林业大学学报，38（11）：97-100.

图力古尔，2004. 大青沟自然保护区菌物多样性 [J]. 呼和浩特：内蒙古教育出版社，1-189.

王也珍，吴声华，吴文能，等，1999. 台湾真菌名录 [M]. 台湾：农业委员会，1-289.

吴兴亮，戴玉成，李泰辉，等，2010．中国热带真菌 [J]．北京：科学出版社，1-548.

吴兴亮，宋斌，李泰辉，等，2009．中国广西大型真菌研究 [J]．贵州科学，27（4）：71-76.

吴兴亮，卯晓岚，图力古尔，等，2013．中国药用真菌 [J]．北京：科学出版社，1-237.

吴兴亮，2000．中国贵州大型真菌资源及其利用 [J]．贵州科学，18（1）：71-76.

肖正端，宋斌，李泰辉，等，2012．广东车八岭国家级自然保护区鸡油菌科真菌资源 [J]．中国食用菌，31（4）：12-13.

谢支锡，王云，王柏，1986．长白山伞菌图志 [J]．长春：吉林科学技术出版社，1-288.

徐燕千，1993．车八岭国家级自然保护区调查论文集 [M]．广州：广东科技出版社，1-553.

杨祝良．臧穆，2003．中国南部高等真菌的热带亲缘 [J]．云南植物研究，25（2）：129-144.

杨祝良，2005．中国真菌志 [J]．第 27 卷．北京：科学出版社，1-258.

应建浙，臧穆，1994．西南地区大型经济真菌 [J]．北京：科学出版社，1-399.

于占湖，2007．大型真菌多样性及在森林生态系统中的作用 [J]．中国林副特产，3：81-85.

袁明生，孙佩琼，1995．四川蕈菌 [M]．成都：四川科学技术出版社，1-779.

张金霞，陈强，黄晨阳，等，2015．食用菌产业发展历史、现状与趋势 [J]．菌物学报，34（4）：524-540.

张明，黄浩，邓旺秋，等，2014．广东车八岭国家级自然保护区牛肝菌资源 [J]．中国食用菌，33（2）：10-12.

张树庭，卯晓岚，1995．香港蕈菌 [M]．香港：香港中文大学出版社，1-470.

章卫民，李泰辉，宋斌，2001．广东省大型真菌概况 [J]．生态科学，20（4）：48-58.

张应明，2011．物种宝库南岭明珠——广东车八岭国家级自然保护区 [J]．生命世界，265：4-25.

赵长林，崔宝凯，2011．中国木生真菌两新记录种 [J]．广西植物，31（6）：721-724.

郑国杨，毕志树，1987．粤北山区多孔菌科的三个新种 [J]．植物研究，7（4）：73-79.

BADER P, JANSSON S, JANSSON B G, 1995. Wood-inhabiting fungi and substratum decline in selectively logged boreal spruce forests[J]. Biological Conservation, 72(3): 355-362.

DENG C Y, LI T H, 2011. *Marasmius galbinus*, a new species from China[J]. Mycotaxon, 115: 495-500.

DENG C Y, LI T H, LI T & Antonín V, 2012. New species and new records in *Marasmius* sect. Sicci. from China[J]. Cryptogonia Mycologia, 33(4): 439-451.

DENG C Y, WEN T C, HUANG H, et al, 2017. *Marasmius pusilliformis*, a new species from South China[J]. Sydowia, 69: 97-103.

MUELLER G M, SCHMIT J P, LEACOCK P R, et al, 2007. Global diversity and distribution of macrofungi[J]. Biodiversity Conservation, 16(1): 37-48.

MUELLER G M, WU Q X, HUANG Y Q, et al, 2001. Assessing biogeographic relationships between North American and Chinese macrofungi[J]. Journal of Biogeography, 28(2): 271-281.

HAWKSWORTH D L, 2001. The magnitude of fungal diversity the 1.5 million species estimate revisited[J]. Mycological Research, 105(12): 1422-1432.

INDEX FUNGORUM, 2017. Available from: http://www.indexfungorum.org/names(accessed 5, May, 2017).

HAWKSWORTH D L, 2012. Global species mumbers of fungii are tropical studies and molecular approaches contributing to a more robust estimete[J]? Biodivers Conserration, 21:2425-2433.

KIRK P M, CANNON P F, DAVID J C, et al, 2001. Ainsworth and Bisby's Dictionary of the Fungi[M]. 9th ed. Surrey: CABI/International Mycological Institute. 1-655.

KIRK P M, CANNON P F, WINTER D W, et al, 2008. Ainsworth and Bisby's Dictionary of the Fungi[M]. 10th ed. Surrey:CABI/International Mycological Institute. 1-771.

KORNERUP A, WANSCHER J H, 1978. Methuen handbook of colour[M]. 3rd edn. Eyre Methuen, London, 196-265.

LI T H, DENG W Q, SONG B, 2003. A new cyanescent species of *Gyroporus* from China[J]. Fungal Diversity, 12: 123-127.

LI T H, LIU B, SONG B, et al, 2005. A new species of *Phallus* from China and *P. formosanus*, new to the mainland[J]. Mycotaxon, 91: 309-314.

LI T H, SONG B, SHEN Y H, 2002. A new species of *Tylopilus* from Guangdong[J]. Mycosystema, 21(1) 3-5.

LINNAEUS C, 1753. Species plantarum[M]. Holmiae: Impensis Laurentii Salvii.

MAY T W, 2002. Where are the short-range endemics among Western Australian macrogungi[J]. Australian Systematic Botany, 15(4): 501-511.

PARMASTO E, 2001. Fungi as indicators of primeval and old-growth forests deserving protection[M]. Cambridge University: Fungal conservation issues and solutions, 81-88.

RUGGIERO M A, Gordon D P, Orrell T M, et al, 2015. A higher level classification of all living organisms[J]. PLos One, 10(4): 119-248.

WANG C Q, LI T H, SONG B, 2013. *Hygrocybe griseobrunnea*, a new Brown species from China[J]. Mycotaxon, 125(1), 243-249.

WHITTAKER R H, 1959. On the broad classification of organisms[J]. The Quarterly Review of Biology, 34(3): 210–226.

XIA Y W, LI T H, DENG W Q, et al, 2015. A new *Crinipellis* species with floccose squamules from China[J]. Mycoscience, 56: 476-480.

ZHANG M, LI T H, XU J, et al, 2015. A new violet brown *Aureoboletus* (Boletaceae) from Guangdong of China[J]. Mycoscience, 56: 481-485.

ZHUANG W Y, 2001. Higher fungi of tropical China[M]. Ithaca: Mycotaxon Ltd., 1-212.

中文名索引

拉丁名索引